常用工具软件实用教程

主 编 祝水根

副主编 杨永存 白 云

U0282104

西安交通大学出版社
XI'AN JIAOTONG UNIVERSITY PRESS

国 家 一 级 出 版 社
全国百佳图书出版单位

图书在版编目(CIP)数据

常用工具软件实用教程 / 祝水根主编. — 西安 ：
西安交通大学出版社，2020.9(2021.7 重印)
ISBN 978 - 7 - 5605 - 6870 - 6

Ⅰ . ①常… Ⅱ . ①祝… Ⅲ . ①软件工具-教材
Ⅳ . ①TP311.561

中国版本图书馆 CIP 数据核字(2020)第 101520 号

书　　名	常用工具软件实用教程
主　　编	祝水根
责任编辑	张　梁
责任校对	唐永利

出版发行	西安交通大学出版社
	(西安市兴庆南路 1 号　邮政编码 710048)
网　　址	http://www.xjtupress.com
电　　话	(029)82668357　82667874(市场营销中心)
	(029)82668315(总编办)
传　　真	(029)82668280
印　　刷	陕西日报社

开　　本	787mm×1092mm　1/16　印张 9.5　字数 135 千字
版次印次	2020 年 9 月第 1 版　2021 年 7 月第 2 次印刷
书　　号	ISBN 978 - 7 - 5605 - 6870 - 6
定　　价	29.80 元

订购热线：(029)82665248　(029)82665249
投稿热线：(029)82668091

前言 FOREWORD

常用工具软件是指计算机日常使用和维护过程中经常使用的工具类软件。恰当地使用工具软件，能够充分发挥计算机的作用，帮助人们提高工作效率。本书主要内容包括系统工具软件、安全防护工具软件、文件文档工具软件、网络应用工具软件、多媒体工具软件和汉化翻译工具软件等，涵盖了常用的计算机工具软件。

本书采用任务驱动方式编写，任务中的案例经过精心挑选和组织，充分体现"做中学、学中做"的职业教育教学特色。全书内容精要、文字通俗、步骤详细、图文并茂，让学生轻松学会使用常用工具软件。

本书由江山中等专业学校的祝水根任主编，杨永存和白云任副主编。具体编写分工如下：项目一和项目二由杨永存老师编写，项目三和项目四由白云老师编写，项目五至项目七由祝水根老师编写，祝水根老师进行统稿和协调工作。在编写本书过程中，我们得到了江山中等专业学校领导和教务处的大力支持，得到了计算机教研组全体同事的热心帮助，参考了相关专家和学者的成果，在此表示衷心的感谢！

本书内容采用 Windows 7 操作系统，可作为中职计算机类专业教材使用，也可作为中职公共课"信息技术"的配套教材使用。

由于计算机工具软件种类多、升级快，加之编写时间仓促，书中不妥之处在所难免，敬请广大读者批评指正。

作　者

2020 年 3 月

目录 CONTENTS

项目一　系统工具软件

在计算机的使用过程中,由于频繁操作,文件被分散保存到整个磁盘的不同地方,从而产生大量的磁盘碎片,轻则导致运行速度下降,重则导致计算机软件不能正常运行,或有用数据丢失等故障。使用者的各种误操作、病毒入侵等也会造成磁盘损伤,缩短磁盘的使用寿命,严重影响计算机系统的正常运行。

为了保证计算机系统能够正常运行,需要通过系统工具软件进行系统清理(清理临时文件、缓存文件、垃圾文件)、系统优化(磁盘整理、减小系统加载项及启动项)、数据备份和安全防护等操作。本项目将介绍常用的系统工具软件:Windows 操作系统自带的系统优化软件、Windows 优化大师和一键 GHOST。

任务一　Windows 自带系统优化软件的使用

【任务目标】

(1)能够通过系统配置实用程序,进行关闭开机自启动程序的操作。

(2)会进行关闭多余的系统服务的操作。

(3)会进行磁盘碎片整理的操作。

【任务准备】

在计算机硬件系统中,硬盘是重要且使用频繁的存储设备,用于存放用户所需的软件和数据。虽然目前硬盘的容量、速度、可靠性不断得到提高,但在实际使用中仍会因各种误操作导致计算机软件运行速度下降,数据丢失,计算机无法启动,甚至影响磁盘的使用寿命。因此需要定期对系统进行优化处理,以便提高开机速度和系统运行效率。

系统优化主要包括关闭多余的自启动程序、关闭多余的系统服务和进行磁盘碎片整理等,可以分别利用 Windows 自带的系统配置程序、服务程序和磁盘碎片整理程序进行操作。

【任务实施】

一、关闭开机自启动程序

可通过关闭多余的自启动程序来提高计算机的开机速度。所谓自启动程序,就是随着操作系统启动自动加载运行的那些程序。自启动程序的运行不需要用户执行,且多数在后台运行。一般情况下,除输入法和杀毒软件类程序之外,其他自启动程序都可以关闭。

关闭多余自启动程序的操作步骤如下:

(1)按下组合键"Windows+R",弹出【运行】对话框,在对话框中输入 msconfig。

(2)单击【确定】按钮,弹出【系统配置】对话框。

(3)切换到【启动】选项卡,【启动项目】列表框中列出了随着系统启动自动运行的程序,如图 1-1 所示。

图 1-1 【启动】选项卡界面

(4)取消勾选多余启动项前的复选框,单击【确定】按钮。

提示:一般情况下,只保留一个杀毒软件启动项的勾选即可。

〔操作记录〕

请写出你取消勾选多余启动项的名称。

_____

_____

_____

_____

_____

〔操作体验〕

能否正确关闭不必要的开机自启动程序？　　　　　□能　　　□不能

二、关闭多余的系统服务

关闭多余系统服务的操作步骤如下：

（1）选择【开始】→【控制面板】，打开【控制面板】对话框。单击窗口右上角的"查看方式"，选择"大图标"。

（2）选择【管理工具】选项，打开【管理工具】对话框。

（3）在【管理工具】窗口中双击【服务】，打开【服务】对话框，如图1-2所示。该对话框包含了 Windows 操作系统提供的各种服务。

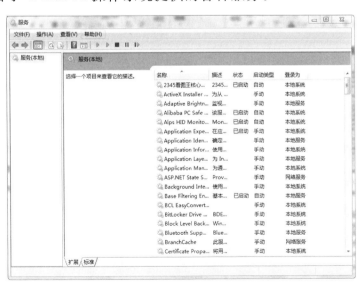

图1-2　【服务】对话框

(4)双击要禁用的服务,会弹出该服务属性对话框,在【启动类型】下拉列表中选择【禁用】选项,即可将此服务禁用。

在 Windows 7 操作系统中可以禁止或停用的组件服务如表 1-1 所示。

表 1-1 可禁止或停用的 Windows 7 服务

名称	描述
Automatic Updates	自动更新服务。可以改为手动启动
Clipbook Server	该服务允许网络中的其他用户看到本机剪切板中的内容。建议改为手动启动
Error Reporting Service	服务和应用程序在非标准环境下运行时提供错误报告。建议改为手动启动
Fast User Switching Compatibility	快速用户切换兼容性。可以改为手动启动
Netlogon	网络注册功能,用于处理如注册信息之类的网络安全功能。可以改为手动启动
Network DDE 和 Network DDE DSDM	动态数据交换。除非用户准备在网上共享自己的 Office,否则应改为手动启动
NTLM Security Support	NTLM 安全支持提供商,用于在网络应用中提供安全保护
Printer Spooler	打印后台处理程序。若用户没有配置打印机,建议改为手动启动
Remote Desktop Help Session Manager	远程桌面帮助会话管理器。建议改为手动启动
Remote Registry	远程注册表,使远程用户能修改本地计算机中的注册表设置
Task Scheduler	任务调度程序,使用户能在计算机中配置和制订自动任务的日程
Uninterruptible Power Supply	用于管理用户的不间断电源(UPS)
Windows Image Acquisition	Windows 图像获取功能,用于为扫描仪和照相机提供图像捕获。如果用户没有这些设备,建议改为手动启动

〔**操作记录**〕

请写出关闭 Messenger 服务的操作步骤。

_____

_____

_____

_____

_____

〔**操作体验**〕

能否正确禁用 Messenger 服务？　　　　　　　　□能　　□不能

三、磁盘碎片整理

磁盘碎片整理的操作步骤如下：

（1）选择【开始】→【所有程序】→【附件】→【系统工具】→【磁盘碎片整理程序】，打开【磁盘碎片整理程序】对话框，如图 1-3 所示。

图 1-3 【磁盘碎片整理程序】对话框

（2）选择要进行碎片整理的磁盘（如 C 盘），单击【分析磁盘】按钮，程序开始对该盘进行分析。

（3）分析完成后，单击【开始整理】按钮，程序开始整理 C 盘。

〔操作体验〕

能否正确进行磁盘碎片整理？　　　　　　　　□能　　□不能

【任务评价】

（一）自我评价

1.学习态度

　　□积极认真　　　□我尽力了　　　□得过且过　　　□消极怠工

2.工作能力

　　□独立完成　　　□在别人指导下完成　　　　　□不能完成

3.探究能力

　　□努力克服困难，找出答案　　□看看书本上有没有　　□会多少做多少

4.你对本工作任务的学习是否感到满意？

　　□满意　　　　　□不满意

　　你的理由＿＿＿＿＿＿＿＿＿＿＿＿＿＿＿＿＿＿＿＿＿＿＿＿＿

（二）小组评价

1.完成效果

　　□准确、快速　　□正确、较慢　　□基本正确、较慢　　□都不正确

2.动手能力

　　□很强　　　　　□较强　　　　　□一般　　　　　□较弱

评价人签名＿＿＿＿＿＿＿

（三）教师评价

1.工作页填写情况

　　□正确、完整　　□比较完整　　□很多错误　　　□没有填写

2.任务完成情况

　　(1)能否正确关闭不必要的开机自启动程序？　　　　□能　　□不能

　　(2)能否正确禁用 Messenger 服务？　　　　　　　　□能　　□不能

　　(3)能否正确进行磁盘碎片整理？　　　　　　　　　□能　　□不能

3.该生完成本学习任务的质量

　　□优秀　　　　　　□良好　　　　　　□及格　　　　　　□不及格

教师签名_____

【任务拓展】

一、操作题

1.利用 Windows 自带的系统配置程序设置 SOUNDMAN.EXE 不随系统启动自动运行。

2.利用 Windows 自带的磁盘碎片整理程序对 D 盘进行磁盘碎片整理。

二、思考题

1.什么是开机自启动程序？

2.关闭多余的系统服务有什么作用？

3.什么是磁盘碎片？

任务二　Windows 优化大师的使用

【任务目标】

(1)会使用 Windows 优化大师检测系统信息。

(2)会使用 Windows 优化大师优化磁盘缓存。

(3)会使用 Windows 优化大师优化开机速度。

(4)会使用 Windows 优化大师优化清理和备份注册表。

(5)会使用 Windows 优化大师优化整理磁盘碎片。

【任务准备】

Windows 优化大师是一款功能强大的系统辅助软件,它提供了全面有效且简便安全的系统检测、系统优化、系统清理、系统维护四大功能项目及数个附加的工具软件。使用 Windows 优化大师能够有效地帮助用户了解自己的计算机软、硬件信息,简化操作系统设置步骤,提升计算机运行效率,清理系统运行时产生的垃圾,修复系统故障及安全漏洞,维护系统的正常运转。Windows 优化大师界面如图 1-4 所示。

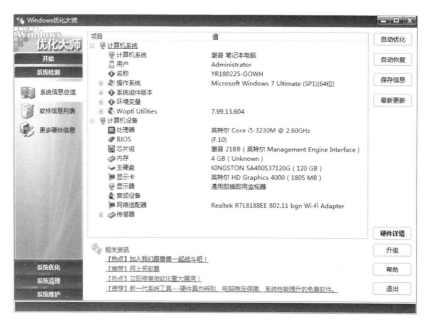

图 1-4　Windows 优化大师界面

1.系统检测

计算机用户若要了解系统的硬件、软件情况和系统的性能,如 CPU 速度、内存大小、显卡速度等,Windows 优化大师的系统检测功能可以提供详细报告,让用户完全了解自己的计算机。

2.系统优化

Windows 的磁盘缓存对系统的运行起着至关重要的作用,对其合理的设置也相当重要。由于设置输入/输出缓存要涉及内存容量的大小和日常运行任务的多少,因而一直以来都比较繁琐,但使用 Windows 优化大师则可轻松完成。漫长的开机等待,对每一个计算机用户来说都是头痛的事情,Windows 优化大师可以很好地解决这一问题。Windows 优化大师对于开机速度的优化主要通过减少引导信息停留时间和取消不必要的开机自启动程序来实现。

3.系统清理

注册表中的冗余信息不仅影响其本身的存取效率,还会导致系统整体性能的降低。因此,Windows 用户有必要定期清理注册表。另外,为以防不测,注册表的备份也是很有必要的。

4.系统维护

系统使用的时间长了,会产生磁盘碎片,过多的碎片不仅会导致系统性能降低,而且可能造成存储文件的丢失,严重时甚至缩短硬盘寿命,所以用户有必要使用系统维护功能定期对磁盘碎片进行分析和整理。

【任务实施】

一、系统检测

〔操作提示〕

在图 1-4 所示的 Windows 优化大师界面左侧,选择【系统检测】菜单,然后选择相应的子菜单。

〔操作记录〕

请写出完成系统信息检测后的检测结果。

1. CPU 型号：＿＿＿＿＿＿＿＿；CPU 主频：＿＿＿＿＿＿＿＿＿＿＿＿＿。

2. 主板厂商：＿＿＿＿＿＿＿；主板型号：＿＿＿＿＿＿＿＿＿＿＿＿＿＿。

3. 内存大小：＿＿＿＿＿＿＿＿＿＿＿＿＿＿＿＿＿＿＿＿＿＿＿＿＿＿＿。

4. 硬盘型号：＿＿＿＿＿＿＿＿；硬盘容量：＿＿＿＿＿＿＿＿＿＿＿＿＿。

〔操作体验〕

能否正确完成系统信息检测的操作？　　　　　　　　□能　　　□不能

二、磁盘缓存优化

〔操作提示〕

在图 1-4 所示的 Windows 优化大师界面左侧，选择【系统优化】菜单，然后选择相应的子菜单。

〔操作记录〕

请写出根据【设置向导】，完成磁盘缓存优化的操作步骤。

_____

_____

_____

_____

〔操作体验〕

能否正确完成磁盘缓存优化的操作？　　　　　　　　□能　　　□不能

三、开机速度优化

〔操作提示〕

在图 1-4 所示的 Windows 优化大师界面左侧，选择【系统优化】菜单，然后选择相应的子菜单。

〔操作记录〕

请写出只保留 360 杀毒、360 安全卫士和输入法程序跟随开机自启动的操作步骤。

_____

_____

_____

〔操作体验〕

能否正确完成开机速度优化的操作？　　　　　　□能　　　□不能

四、清理和备份注册表

〔操作提示〕

在图 1-4 所示的 Windows 优化大师界面左侧,选择【系统清理】菜单,然后选择相应的子菜单。

〔操作记录〕

1.请写出完成注册表清理的操作步骤。

_____

_____

_____

_____

2.请写出完成注册表备份的操作步骤。

_____

_____

_____

_____

〔操作体验〕

能否正确完成注册表清理和备份的操作？　　　　　□能　　　□不能

【任务评价】

(一)自我评价

1.学习态度

　　□积极认真　　　　□我尽力了　　　　□得过且过　　　　□消极怠工

2.工作能力

　　□独立完成　　　　□在别人指导下完成　　　　　　□不能完成

3.探究能力

　　□努力克服困难,找出答案　　　□看看书本上有没有　　　□会多少做多少

4.你对本工作任务的学习是否感到满意？

　　□满意　　　　　　□不满意

　　你的理由 _____

(二)小组评价

1.完成效果

　　□准确、快速　　　□正确、较慢　　　□基本正确、较慢　　　□都不正确

2.动手能力

　　□很强　　　　　　□较强　　　　　　□一般　　　　　　□较弱

　　　　　　　　　　　　　　　　　　　　　　　　　评价人签名_____

(三)教师评价

1.工作页填写情况

　　□正确、完整　　　□比较完整　　　□很多错误　　　　□没有填写

2.任务完成情况

(1)能否正确完成系统信息检测的操作？　　　　　　　□能　　　□不能

(2)能否正确完成磁盘缓存优化的操作？　　　　　　　□能　　　□不能

(3)能否正确完成开机速度优化的操作？　　　　　　　□能　　　□不能

（4）能否正确完成注册表清理和备份的操作？　　　　　□能　　　□不能

3.该生完成本学习任务的质量

　　□优秀　　　　　　□良好　　　　　　□及格　　　　　　□不及格

教师签名_____

【任务拓展】

一、操作题

1.使用 Windows 优化大师清除计算机上的 IE 历史记录。

2.使用 Windows 优化大师进行系统安全优化。

3.使用 Windows 优化大师了解系统信息。

二、思考题

1.Windows 优化大师主要有哪些功能？

任务三 一键 GHOST 的使用

【任务目标】

(1)会使用一键 GHOST 进行系统备份和系统还原的操作。

(2)会使用一键 GHOST 的高级设置。

【任务准备】

Windows 操作系统自带有备份与还原工具,能够轻松快捷地备份和还原当前的操作系统,从而将系统恢复到以前的正常运行状态。如果用户想更加全面、永久地备份自己的系统,则可以使用第三方软件,如一键 GHOST。一键 GHOST 是"DOS 之家"网站制作的一款系统备份和系统还原工具软件。主要功能包括一键备份系统、一键恢复系统、中文向导、GHOST 和 DOS 工具箱。只需按一个键,就能实现全自动无人值守状态下的系统备份和系统还原操作,这给了一般用户一种简单的恢复系统的方法。现在购买的计算机其实很多已经安装了一键还原的功能,如果觉得系统慢得不能容忍了,很简单,一键还原!

【任务实施】

一、下载并安装一键 GHOST 硬盘版

将一键 GHOST 硬盘版下载到本地硬盘并解压缩。在解压缩文件夹中,双击"一键 GHOST 硬盘版.exe",启动安装向导,按提示完成安装,如图 1-5 所示。

〔操作体验〕

能否正确下载并安装一键 GHOST 硬盘版? □能 □不能

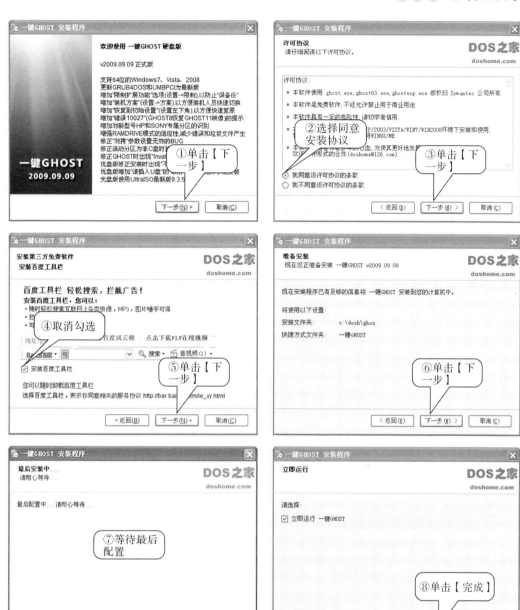

图 1-5 一键 GHOST 硬盘版的安装

二、一键备份

一键备份系统的操作步骤如下：

(1)启动一键 GHOST,其界面如图 1-6 所示。

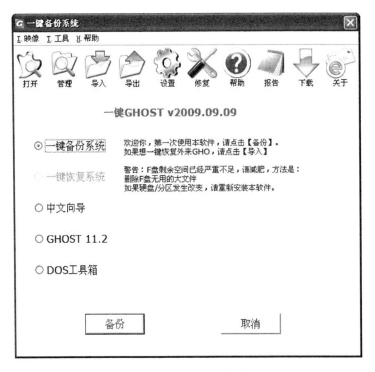

图 1-6　一键 GHOST 启动界面

（2）在图 1-6 所示界面中，单击【设置】按钮，弹出图 1-7 所示界面。选择
【开机】选项卡，然后选择【热键模式（装机）】，设置开机一键恢复的热键为"K"键，
最后单击【确定】按钮完成设置。

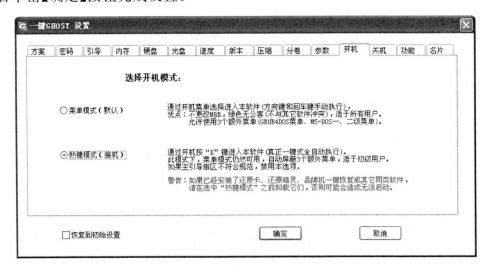

图 1-7　设置开机热键模式

〔操作体验〕

能否正确设置开机一键恢复的热键为"K"键？　　　　□能　　□不能

(3)在图1-6所示界面中选择【一键备份系统】，然后单击【备份】按钮，开始备份系统。

三、一键还原

一键还原系统的操作步骤如下：

(1)对系统进行过一键备份操作后，硬盘中存储了备份文件(.gho)，这样，每次开机时系统都会出现"Press K to start…"的提示，如图1-8所示。

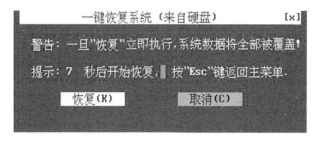

图1-8　一键还原的提示界面

只要在7秒之内按下热键("K"键)，即可进入一键GHOST硬盘版的【一键恢复系统】界面，如图1-9所示。如果没有在7秒之内按下热键("K"键)，则自动启动本机所安装的操作系统(如 Windows 7)。

图1-9　一键恢复系统界面

(2)在键盘上按下"K"键，直接进行系统还原并显示进程，如图1-10所示。

系统还原过程结束后，按下组合键"Ctrl＋Alt＋Del"重新启动计算机，系统恢复如新。

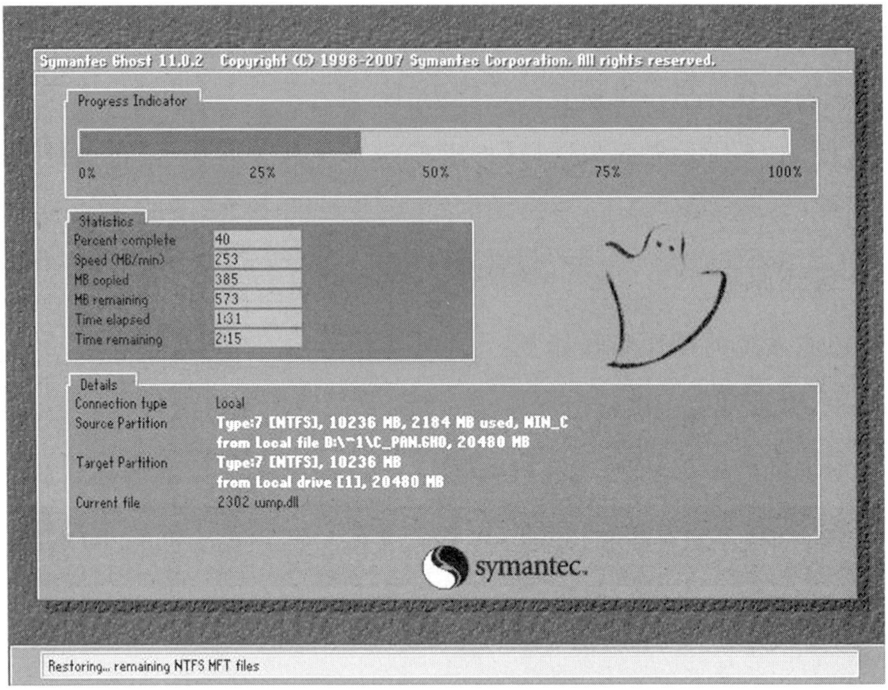

图 1-10 系统还原过程

〔操作记录〕

请写出还原系统的关键步骤。

_____

_____

_____

_____

〔操作体验〕

能否正确完成系统还原的操作？　　　　　　　　　□能　　□不能

【任务评价】

(一)自我评价

1.学习态度

　　□积极认真　　　□我尽力了　　　□得过且过　　　□消极怠工

2. 工作能力

　　□独立完成　　　　□在别人指导下完成　　　　□不能完成

3. 探究能力

　　□努力克服困难,找出答案　　□看看书本上有没有　　□会多少做多少

4. 你对本工作任务的学习是否感到满意?

　　□满意　　　　　　□不满意

　　你的理由 _____

(二)小组评价

1. 完成效果

　　□准确、快速　　□正确、较慢　　□基本正确、较慢　　□都不正确

2. 动手能力

　　□很强　　　　□较强　　　　□一般　　　　□较弱

评价人签名_____

(三)教师评价

1. 工作页填写情况

　　□正确、完整　　□比较完整　　□很多错误　　　　□没有填写

2. 任务完成情况

(1)能否正确下载并安装一键 GHOST 硬盘版?　　　　□能　　□不能

(2)能否正确设置开机一键恢复的热键为"K"键?　　　□能　　□不能

(3)能否正确完成系统还原的操作?　　　　　　　　　□能　　□不能

3. 该生完成本学习任务的质量

　　□优秀　　　　□良好　　　　□及格　　　　□不及格

教师签名_____

【任务拓展】

一、操作题

1. 使用一键GHOST备份系统。

2. 使用一键GHOST还原系统。

二、思考题

1. 一键GHOST可以备份、还原除了C分区以外的其他分区吗？

2. 如何禁止GHOST重新备份？

项目二 安全防护工具软件

计算机病毒(Computer Virus)是指程序编制者在计算机程序中插入的破坏计算机功能或者数据,影响计算机使用并且能够自我复制的一组计算机指令或者程序代码,具有破坏性、复制性和传染性。在计算机病毒横行、插件泛滥的今天,计算机使用者必须做好系统保护和系统维护工作。本项目介绍两款常用的安全防护工具软件:360安全卫士和杀毒软件 Avast。

任务一 360安全卫士的使用

【任务目标】

(1)会进行360安全卫士的下载与安装。

(2)会进行360安全卫士的在线升级。

(3)会使用360安全卫士。

【任务准备】

360安全卫士是一款由北京奇虎科技有限公司推出的功能强、效果好、受用户欢迎的网络安全软件。360安全卫士拥有电脑体检、木马查杀、电脑清理、系统修复、优化加速等多种功能,并独创了木马防火墙、360密盘等功能,依靠抢先侦测和云端鉴别,可以全面、智能地拦截各类木马,保护用户的账号、隐私等重要信息。

360安全卫士主要功能介绍:

(1)电脑体检——对计算机进行详细的检查。

(2)木马查杀——使用360云引擎、360启发式引擎、小红伞本地引擎、QVM人工智能引擎杀毒。

(3)电脑清理——清理常用软件垃圾、系统垃圾、软件痕迹信息、注册表、插件等。

（4）系统修复——修复常见的上网设置、系统设置、部分软件功能,更新系统或软件功能。

（5）优化加速——加快开机速度。

（6）功能大全——提供几十种各式各样的功能,如电脑安全、数据安全、网络优化等。

（7）软件管家——一站式下载安装软件、管理软件的平台。

其他常见的360计算机、手机软件有360杀毒、360安全浏览器、360安全桌面、360安全云盘、360手机卫士、360手机助手、360省电王等等。

【任务实施】

一、下载并安装360安全卫士

下载并安装360安全卫士的操作步骤如下:

（1）进入360安全卫士官方网站(http://weishi.360.cn/),其下载界面如图2-1所示。

图2-1　360安全卫士下载界面

（2）在360安全卫士的下载界面中点击【立即下载】按钮,下载该软件。

（3）下载完毕后运行安装程序，根据向导完成360安全卫士的安装，其安装界面如图2-2所示。

图2-2 360安全卫士安装界面

（4）安装完成后，选择【打开卫士】，出现图2-3所示界面。

图2-3 360安全卫士主界面

〔操作体验〕

能否正确安装 360 安全卫士？　　　　　　　　　　□能　　　□不能

二、360 安全卫士的使用

1. 电脑体检

选择【我的电脑】选项卡，点击【立即体检】按钮，如图 2 - 4 所示。

图 2 - 4　电脑体检

〔操作记录〕

你的计算机共检查了_____项，有_____项有问题，需要修复。

2. 木马查杀

选择【木马查杀】选项卡，点击【快速查杀】按钮，如图 2 - 5 所示。

提示：任课老师可以预先下载计算机病毒样本存放在计算机中，方便进行病毒查杀练习。

图 2-5　木马查杀

〔操作记录〕

(1)对本机进行快速木马查杀,共有_____个需要处理的危险项。

(2)对 D 盘进行木马查杀,共有_____个需要处理的危险项。

〔操作体验〕

能否正确进行木马查杀?　　　　　　　　□能　　□不能

3.电脑清理

选择【电脑清理】选项卡,如图 2-6 所示。电脑清理下有八个选项:①全面清理;②单项清理(包括清理垃圾、清理插件、清理注册表、清理 Cookies、清理痕迹、清理软件);③经典版清理;④照片清理;⑤自动清理;⑥维修模式;⑦恢复区;⑧忽略区。

图 2-6　电脑清理

〔操作记录〕

小明上网时,发现安装了"百度地址栏搜索"插件,请问应该如何清理?请写出简单的操作步骤。

_____

_____

_____

_____

〔操作体验〕

能否正确清理上网痕迹?　　　　　　　　　□能　　　□不能

4.优化加速

选择【优化加速】选项卡,即可进行计算机加速操作,如图 2-7 所示。优化加速下有六个选项:①全面加速;②单项加速(包括开机加速、软件加速、系统加速、网络加速、硬盘加速);③启动项;④开机时间;⑤忽略项;⑥优化记录。

图 2-7 优化加速

〔操作记录〕

（1）使用优化加速的_____项，能分析系统，帮助进行优化开机启动项目。

（2）当你进行优化时发现设置有误，应该选择_____进行恢复误优化的项目。

（3）记录开机时间，本次开机速度为_____。

5.软件管家

（1）使用软件管家功能，安装美图秀秀。在图 2-3 所示的 360 安全卫士主界面中，选择【软件管家】选项卡，在弹出的【360 软件管家】界面的搜索栏中输入"美图秀秀"，点击搜索，出现如图 2-8 所示界面。

图 2-8　下载美图秀秀

〔操作体验〕

能否顺利安装美图秀秀？　　　　　　　　　　　　　　□能　　　□不能

（2）使用软件管家功能，卸载 360 安全浏览器，如图 2-9 所示。

图 2-9　卸载 360 安全浏览器

〔操作体验〕

能否顺利卸载 360 安全浏览器？ □能 □不能

6.360 安全卫士的升级更新

点击图 2-3 所示界面右上角的设置图标"≡"，选择【检测更新】，出现图
2-10所示【360 安全卫士-升级】对话框，点击【确定】按钮即可升级更新。

图 2-10 升级更新 360 安全卫士

〔操作记录〕

请写出简要的 360 安全卫士更新步骤。

_____

_____

_____

_____

_____

【任务评价】

(一)自我评价

1.学习态度

□积极认真　　　□我尽力了　　　□得过且过　　　□消极怠工

2.工作能力

□独立完成　　　□在别人指导下完成　　　　□不能完成

3.探究能力

□努力克服困难,找出答案　□看看书本上有没有　□会多少做多少

4.你对本工作任务的学习是否感到满意?

□满意　　　　　□不满意

你的理由 _____

(二)小组评价

1.完成效果

□准确、快速　　□正确、较慢　　□基本正确、较慢　　□都不正确

2.动手能力

□很强　　　　　□较强　　　　　□一般　　　　　□较弱

评价人签名_____

(三)教师评价

1.工作页填写情况

□正确、完整　　□比较完整　　□很多错误　　　　□没有填写

2.任务完成情况

(1)能否正确安装360安全卫士?	□能	□不能
(2)能否正确进行木马查杀?	□能	□不能
(3)能否正确清理上网痕迹?	□能	□不能
(4)能否顺利安装美图秀秀?	□能	□不能
(5)能否顺利卸载360安全浏览器?	□能	□不能

3.该生完成本学习任务的质量

□优秀　　　　　□良好　　　　　□及格　　　　　□不及格

教师签名_____

【任务拓展】

一、操作题

1.下载并安装360杀毒软件,对计算机进行快速扫描,确保计算机安全。

2.使用360安全卫士对计算机进行优化加速,对比优化前后系统的速度。

二、思考题

1.如果计算机中安装了瑞星杀毒软件,现在又安装了360安全卫士,系统是否更安全?为什么?

2.如果木马程序破坏了360安全卫士,导致360安全卫士不能启动,此时应该如何查杀木马病毒?

任务二　杀毒软件 Avast 的使用

【任务目标】

(1)会安装 Avast 杀毒软件。

(2)会更新 Avast 的病毒库。

(3)会使用 Avast 杀毒软件。

【任务准备】

Avast 是 AVAST Software 公司(捷克)开发的一款杀毒软件,如今已有数十年的历史,它在国外市场一直处于领先地位。Avast 面向家庭用户、企业用户、合作伙伴用户设计有不同的版本。Avast 的实时监控功能十分强大,其中面向家庭用户的免费版有文件防护、行为防护、Web 防护、邮件防护、软件更新程序、浏览器清理、急救盘、WiFi 检测程序、密码功能、Cleanup、勿打扰模式等。免费版需要每年注册一次,注册是免费的。收费的高级版还有实际站点功能、沙盒功能、防火墙功能、反垃圾邮件功能等。

1.兼容性良好

Avast 具有良好的系统兼容性,支持所有的主流操作系统,它不仅得到 ICA (IoT Connectivity Alliance)实验室认证,还得到了微软的稳定性认证,能保证用户的系统稳定性。

2.一流的病毒侦测能力

Avast 拥有先进的杀毒引擎和全模块化的架构,它的引擎核心可以与许多的客户端程序或 Plungin 配合,不仅可以查杀大量已知病毒,其基因启发扫描技术甚至可以查杀很多未知或变种病毒。Avast 得到过大量的国际测试认证,包括著名的英国西海岸实验室(West Coast Labs)认证,在世界权威的杀毒软件测试 VB 100%测试及 AV-Comparatives 测试中更是成绩斐然。

3.优秀的系统监控能力

Avast 拥有网络防火墙防护、标准的本地文件读取防护、网页防护、即时通讯软件防护、邮件收发防护、P2P 软件防护、脚本防护、行为防护以及全自动沙盒等功能,可以有效拦截网页上的恶意脚本。从 6.0 版本开始,其免费版本也提供脚本防护功能。Avast 的实时监控有独特的静寂模式,在发现病毒时会自动与带毒网站断开,可以有效防止病毒从网上入侵。

4.合理的资源占用

Avast 的系统资源占用很小,即使把它的防护项目全开,内存占用也不超过 20 MB,不会拖慢计算机运行的速度。Avast在配置较低的计算机上也可以运行得非常流畅。

5.方便迅速的更新升级

Avast 有面向家庭用户的免费版,只要在软件界面完成注册即可使用。Avast 的免费版每天至少提供一次免费升级的服务,收费版设置为自动更新后则会实时更新病毒库。在用户界面上,免费版提供精简的界面,收费版提供扩大化的界面。

【任务实施】

一、下载并安装 Avast

下载并安装 Avast 的操作步骤如下:

(1)进入 Avast 中文官方网站(http://www.avast.com/zh-cn/index#pc)。

(2)下载 Avast 的家庭免费版。

(3)安装 Avast 软件。

提示:如果已经安装有其他杀毒软件,建议先停止使用或者卸载该杀毒软件。

〔操作体验〕

能否顺利下载并安装 Avast?　　　　　　　　□能　　□不能

二、Avast 的注册与更新

Avast 注册与更新的操作步骤如下:

(1)打开 Avast 的主界面,点击【我的许可证】对话框中的【创建账户】按钮,如图 2-11 所示。

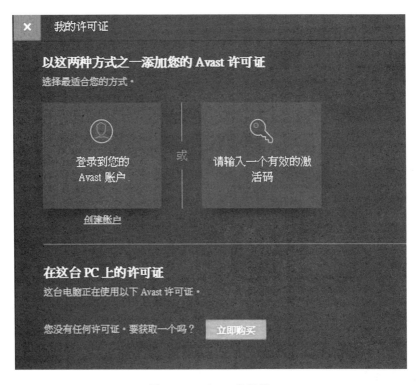

图 2-11　Avast 的注册

（2）在图 2-12 所示界面根据向导提示填写注册信息，进行注册。

图 2-12　填写注册信息

(3)注册成功后出现图 2-13 所示界面。

图 2-13　注册成功

(4)在 Avast 的主界面点击【更新】→【病毒定义】中的【更新】按钮,如图2-14所示。

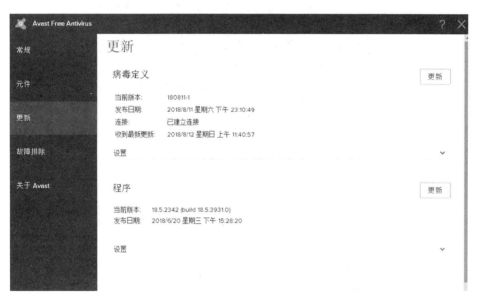

图 2-14　更新程序

〔操作体验〕

能否正确注册和更新 Avast?　　　　　　　　　□能　　　□不能

三、Avast 的使用

(1)快速扫描计算机。

〔操作记录〕

请写出简单的操作步骤。

_____

_____

_____

_____

_____

(2)查看核心防护状态,如图 2-15 所示。

图 2-15　核心防护

(3)两人组成一个小组,进行远程协助实验,如图 2-16 所示。

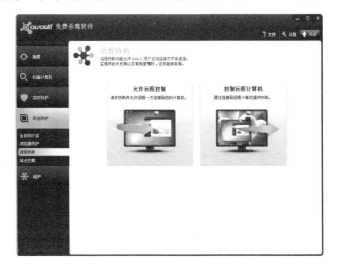

图 2-16　远程协助

〔**操作体验**〕

能否正确使用 Avast? □能 □不能

【**任务评价**】

(一)自我评价

1.学习态度

□积极认真 □我尽力了 □得过且过 □消极怠工

2.工作能力

□独立完成 □在别人指导下完成 □不能完成

3.探究能力

□努力克服困难,找出答案 □看看书本上有没有 □会多少做多少

4.你对本工作任务的学习是否感到满意?

□满意 □不满意

你的理由＿＿＿＿＿＿＿＿＿＿＿＿＿＿＿＿＿＿＿＿＿＿＿＿＿

(二)小组评价

1.完成效果

□准确、快速 □正确、较慢 □基本正确、较慢 □都不正确

2.动手能力

□很强 □较强 □一般 □较弱

评价人签名＿＿＿＿＿＿

(三)教师评价

1.工作页填写情况

□正确、完整 □比较完整 □很多错误 □没有填写

2.任务完成情况

(1)能否顺利下载并安装 Avast? □能 □不能

(2)能否正确注册和更新 Avast? □能 □不能

(3)能否正确使用 Avast? □能 □不能

3.该生完成本学习任务的质量

□优秀　　　　　□良好　　　　　□及格　　　　　□不及格

教师签名_____

【任务拓展】

一、实验题

1.拦截 www.21cn.com 网站的内容。

2.对 D 盘进行扫描。

二、思考题

1.比较 360 安全卫士和 Avast 的不同点。

2.Avast 有什么优点？

项目三 文件文档工具软件

本章主要介绍文档的使用和文档的阅读。压缩文件不仅可以节省文件占用的空间，而且有利于通过网络快速传送。我们可以使用专用工具对文件或文件夹进行压缩和解压缩。文档的格式除了传统的 Word 文档，还有 PDF 文档以及 PDG 文档，我们可以使用 Adobe Arcobat 阅读和制作 PDF 文档，使用超星阅览器(SSReader)免费在线阅读数十万种正规出版物的电子版。

任务一 压缩软件 WinRAR 的使用

【任务目标】

(1)会使用 WinRAR 压缩软件。

(2)会使用 WinRAR 制作自解压文件。

(3)会使用 WinRAR 制作分卷压缩文件。

(4)会使用 WinRAR 对压缩文件加密。

【任务准备】

压缩软件是为了使文件的容量变得更小，便于传送。WinRAR 是在Windows的环境下对. rar 格式文件(经过 WinRAR 压缩形成的文件)进行管理和操作的一款压缩软件。这是一款相当不错的软件，可以和 WinZIP(老牌压缩软件)相媲美。在某些情况下，它的压缩率比 WinZIP 的还要大。WinRAR 的一大特点是支持很多压缩格式，除了 RAR 格式的文件和 ZIP 格式的文件(经 WinZIP 压缩形成的文件)外，WinRAR 还可以为许多其他格式的文件解压缩。同时，使用 WinRAR 也可以创建自解压可执行文件。

【任务实施】

一、下载并安装 WinRAR

下载并安装 WinRAR 的操作步骤如下：

(1)进入 WinRAR 官方网站的下载页面(http://www.WinRAR.com.cn/download.htm)，如图 3-1 所示。

图 3-1　WinRAR 下载页面

(2)下载 WinRAR，双击所下载的文件进行安装，如图 3-2～图 3-4 所示。

图 3-2　WinRAR 软件

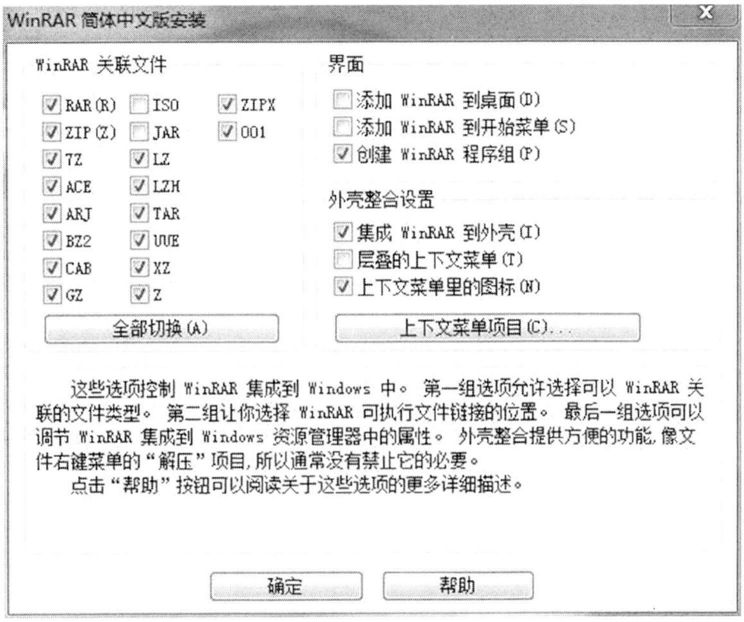

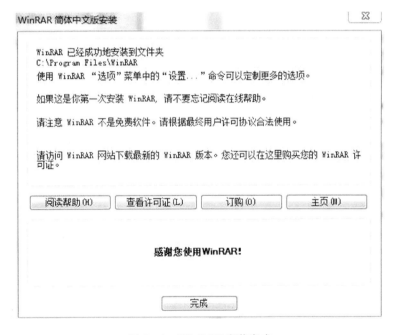

图 3-3　WinRAR 安装选项

图 3-4　WinRAR 安装完成

〔操作体验〕

能否顺利下载并安装 WinRAR?　　　　　　　□能　　　□不能

二、文件的压缩

鼠标右键单击(以下简称右击)要压缩的文件,在弹出的快捷菜单中选择【添加到压缩文件】命令,弹出【压缩文件名和参数】对话框,如图 3－5 所示。

图 3－5　【压缩文件名和参数】对话框

1.压缩文件名

通过点击图 3－5 中的【浏览】按钮,我们可以选择生成的压缩文件保存在磁盘上的具体位置,并能对该压缩文件重新命名。

2.配置

这里的配置是指根据不同的压缩要求选择不同的压缩模式,所选择的模式会提供对应的配置方式。点击图 3－5 中的【配置】按钮,就会在【配置】的下方出现一个菜单,这个菜单分为两个部分,上面两个选项用作配置的管理,下面五个不同的选项分别是不同的配置。比较常用的是【默认配置】和【创建 10 MB 的分卷】。图 3－5 所示就是【默认配置】的界面。

3.压缩文件格式

可选择生成的压缩文件为 RAR 格式、RAR4 格式或 ZIP 格式。

4.更新方式

【更新方式】下拉列表框用于选择再次压缩同一文件时是否替换或跳过之前压缩过的文件。

5.压缩选项

【压缩选项】组中最常用的是【压缩后删除原来的文件】和【创建自解压格式压缩文件】。前者是在建立压缩文件后删除原来的文件;后者是创建一个可执行文件,可以脱离 WinRAR 软件自行解压缩。

6.压缩方式

在【压缩方式】下拉列表框里可对压缩比例和压缩速度进行选择,由上到下选择的压缩率越来越大,但速度越来越慢。

7.切分为分卷,大小

当压缩后的文件过大,不便于传输或保存时,就要选择分卷压缩。

8.设置密码

我们有时对压缩后的文件有保密的要求,那么我们可对压缩文件进行加密。点击图 3-5 中的【设置密码】按钮,弹出【输入密码】对话框,输入密码(如:12345),再次输入密码确认,设置完成后点击【确定】按钮退出。进行密码设置后的压缩文件需要输入正确的密码后才能解压缩。

〔操作提示〕

快捷创建压缩文件夹的方法:以文件夹"task02"为例,右击要压缩的文件夹"task02",在弹出的快捷菜单中选择【添加到"task02. rar"】命令,此时不再弹出【压缩文件名和参数】对话框,而是直接开始压缩,并最终产生同名的压缩文件。

〔操作体验〕

能否正确压缩"task02"文件夹?　　　　　　　　□能　　　□不能

三、文件的解压缩

文件解压缩的操作步骤如下:

(1)右击要解压的压缩文件,在弹出的快捷菜单中选择【解压文件】命令,弹出【解压路径和选项】对话框,如图3-6所示。

图3-6 【解压路径和选项】对话框

(2)在对话框中指定解压文件保存的目标路径,这样就可以将解压后的文件保存在其他指定的位置,而不一定是默认的与压缩文件同一目录。

(3)在【更新方式】选项组中选择【解压并替换文件】将解压全部并替换掉原有文件;选择【解压并更新文件】将解压选定的文件,然后复制目标文件夹不存在的或是替换掉比解压文件还要旧的文件;选择【仅更新已经存在的文件】将只解压已经存在于目标文件夹的和比压缩文件还旧的同名文件。

(4)在【覆盖方式】选项组中选择【覆盖前询问】,则解压时遇到同名文件时将会弹出对话框询问如何处理;选择【没有提示直接覆盖】将不进行提示而直接覆盖同名文件;选择【跳过已经存在的文件】将会直接跳过而不解压;选择【自动重命名】将保留原文件并重命名新文件。

(5)设置完毕后,单击【确定】按钮即可开始解压。

〔操作提示〕

将压缩文件"task02"解压到既定目录D盘。

〔操作体验〕

能否正确在 D 盘解压"task02.rar"压缩文件？　　　　□能　　□不能

四、制作自解压文件

为了避免因计算机没有安装 WinRAR 而无法解压文件的问题，我们在压缩时可以通过创建自解压文件，从而将压缩文件直接解压。

制作自解压文件的操作步骤如下：

(1)右击要压缩的文件"15 届年会"，在弹出的快捷菜单中选择【添加到压缩文件】命令，弹出【压缩文件名和参数】对话框。

(2)在【压缩选项】选项组中选中【创建自解压格式压缩文件】复选框，此时在【压缩文件名】下拉列表框中显示的压缩文件名由"15 届年会.rar"变为"15 届年会.exe"，如图 3 - 7 所示，单击【确定】即可。

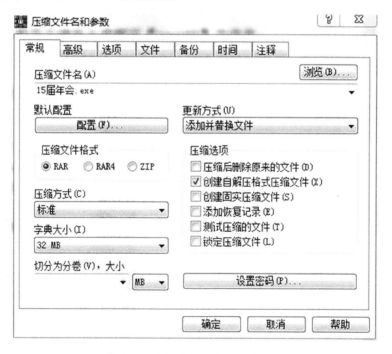

图 3 - 7　创建自解压格式压缩文件

〔操作体验〕

能否正确制作自解压文件"15 届年会.exe"？　　　　□能　　□不能

五、制作分卷压缩文件

分卷压缩功能可以将一个文件或文件夹按照指定文件的大小压缩成一系列小压缩文件,这个功能对于通过网络传送文件尤其有用。例如通过邮件传送文件,由于附件大小的限制,需要将文件分卷压缩成一系列小文件进行传送。

制作分卷压缩文件的操作步骤如下:

(1)右击要进行分卷压缩的文件或文件夹,在弹出的快捷菜单中选择【添加到压缩文件】命令,弹出【压缩文件名和参数】对话框。

(2)在【切分为分卷,大小】下拉列表框中选择分卷压缩的大小,设置为4 MB,如图3-8所示,单击【确定】按钮。

图3-8 【切分为分卷,大小】对话框

(3)设置完毕后,根据源文件的大小以及压缩比,将生成数量不等的分卷压缩文件。文件的名称不变,但扩展名将依照分卷顺序自动变为"part1""part2""part3"等,如图3-9所示。

angelina-litvin-37699-unsplash	2018/6/4 星期一 …	看图王 JPG 图片…	6,236 KB
angelina-litvin-37699-unsplash.part1	2018/8/12 星期…	WinRAR 压缩文件	4,096 KB
angelina-litvin-37699-unsplash.part2	2018/8/12 星期…	WinRAR 压缩文件	2,155 KB

图3-9 分卷压缩结果

〔操作体验〕

能否正确制作分卷压缩文件？　　　　　　　　　　□能　　□不能

六、对压缩文件加密

对压缩文件加密的操作步骤如下：

(1)右击要加密的文件或文件夹,在弹出的快捷菜单中选择【添加到压缩文件】命令,弹出【压缩文件名和参数】对话框。

(2)单击【设置密码】按钮,弹出【输入密码】对话框,如图3-10所示。

图3-10　【输入密码】对话框(密码设置前)

(3)在对话框中输入密码,密码以＊号显示。

(4)单击【确定】按钮,开始加密压缩。

(5)解压该文件,会首先弹出【输入密码】对话框,如图3-11所示。

(6)输入正确的密码,将会成功解压。

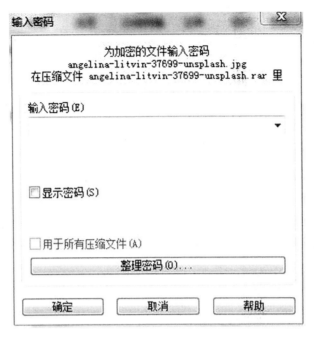

图 3-11 【输入密码】对话框（密码设置后）

（7）若输入不正确的密码,解压时会弹出密码【错误】对话框,如图 3-12 所示。

图 3-12 密码【错误】对话框

〔操作体验〕

能否正确对压缩文件加密?　　　　　　　　　　　　　□能　　□不能

【任务评价】

(一)自我评价

1.学习态度

□积极认真　　　□我尽力了　　　□得过且过　　　□消极怠工

2.工作能力

□独立完成　　　□在别人指导下完成　　　□不能完成

3.探究能力

□努力克服困难,找出答案　　　□看看书本上有没有　　　□会多少做多少

4.你对本工作任务的学习是否感到满意?

□满意　　　　　□不满意

你的理由＿＿＿＿＿＿＿＿＿＿＿＿＿＿＿＿＿＿＿＿＿＿＿

(二)小组评价

1.完成效果

□准确、快速　　□正确、较慢　　□基本正确、较慢　　□都不正确

2.动手能力

□很强　　　　□较强　　　　□一般　　　　□较弱

评价人签名＿＿＿＿＿

(三)教师评价

1.工作页填写情况

□正确、完整　　□比较完整　　□很多错误　　　□没有填写

2.任务完成情况

(1)能否顺利下载并安装 WinRAR?　　　　　　　　□能　　□不能

(2)能否正确压缩"task02"文件夹?　　　　　　　　□能　　□不能

(3)能否正确在 D 盘解压"task02.rar"压缩文件?　　□能　　□不能

(4)能否正确制作自解压文件"15 届年会.exe"?　　□能　　□不能

(5)能否正确制作分卷压缩文件?　　　　　　　　　□能　　□不能

（6）能否正确对压缩文件加密？　　　　　　　　　□能　　　□不能

3.该生完成本学习任务的质量

□优秀　　　　　　□良好　　　　　　□及格　　　　　　□不及格

教师签名_____

【任务拓展】

一、操作题

1.在桌面以自己的名字新建一个文件夹,例如"丁丁",在文件夹里面新建一个文档,命名为"压缩文件练习.doc"。

2.在桌面上选择名字为"丁丁"的文件夹,单击鼠标右键选择【添加到"丁丁.rar"】。

3.在桌面上选择名字为"丁丁"的文件夹,单击鼠标右键选择【添加到压缩文件】,制作"丁丁自解压文件"。

4.在 Windows 中搜索大于 1 MB 的图片,把任意一张拷贝到"丁丁"文件夹下。在桌面上选择名字为"丁丁"的文件夹,单击鼠标右键选择【添加到压缩文件】,制作分卷压缩文件,每个文件 1 MB。

5.在桌面上选择名字为"丁丁"的文件夹,单击鼠标右键选择【添加到压缩文件】,制作有密码的"丁丁"压缩包。

二、思考题

1.某文件容量超过 10 GB,现要将其刻录在光盘中,但普通 DVD 光盘容量通常只有 4 GB。你打算如何设置分卷压缩文件呢？

任务二 PDF 文档阅读编辑软件 Adobe Acrobat 的使用

【任务目标】

(1)会使用 Adobe Acrobat 阅读 PDF 格式的电子图书。

(2)会使用 Adobe Acrobat 创建和编辑 PDF 文件。

【任务实施】

一、下载并安装 Adobe Acrobat

(1)进入 Adobe 公司的网站(http://acrobat. adobe. com/cn/zh-Hans/acrobat. html),下载 Adobe Acrobat。

(2)安装 Adobe Acrobat,如图 3-13 所示。

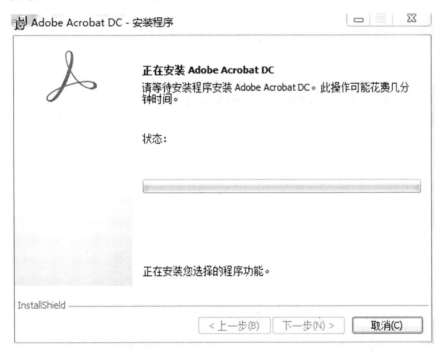

图 3-13 Adobe Acrobat 软件安装

二、阅读 PDF 格式的电子图书

双击 PDF 格式文档可以自动打开 Adobe Acrobat 软件，其界面如图 3-14 所示。

图 3-14　Adobe Acrobat 软件界面

〔操作体验〕

能否阅读 PDF 格式的电子图书？　　　　　　　　　□能　　　□不能

三、创建和编辑 PDF 文件

创建和编辑 PDF 文件的操作步骤如下：

（1）启动 Adobe Acrobat，单击【创建 PDF】按钮。

（2）在弹出的【打开】对话框中选择要创建 PDF 的文件，如图 3-15 所示。

（3）单击【打开】按钮，开始 PDF 文件的创建。

（4）创建完成后，可以查看创建完成的 PDF 文件，如图 3-16 所示。

图 3-15 【打开】对话框

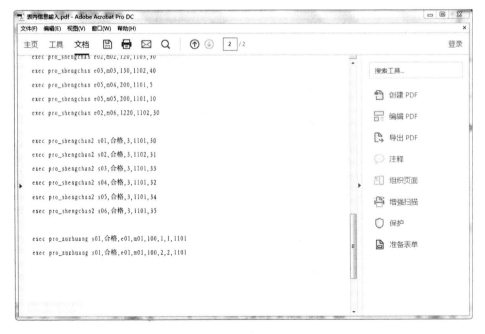

图 3-16 创建完成的 PDF 文件

（5）在页面左侧单击【书签】按钮，打开【书签】面板，如图 3 - 17 所示。

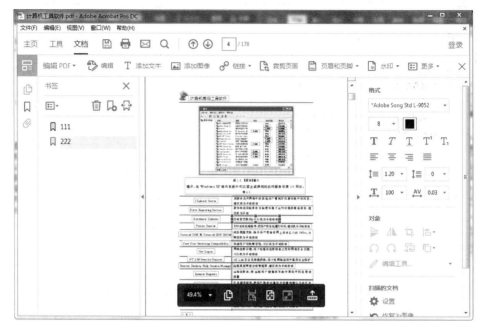

图 3 - 17　【书签】面板

（6）使用【选择】工具，将光标移到要插入书签的位置，在【书签】面板中单击【选项】按钮，选择【新建书签】命令。

（7）书签创建完成后，为书签命名。单击【新建书签】，可以跳至书签所在位置。

〔操作体验〕

（1）能否正确创建 PDF 文件？　　　　　　　　　　□能　　□不能

（2）能否正确为 PDF 文件添加书签？　　　　　　　□能　　□不能

【任务评价】

(一)自我评价

1. 学习态度

　　□积极认真　　　　□我尽力了　　　　□得过且过　　　　□消极怠工

2. 工作能力

　　□独立完成　　　　□在别人指导下完成　　　　　　　　□不能完成

3.探究能力

　　□努力克服困难,找出答案　　　□看看书本上有没有　　□会多少做多少

4.你对本工作任务的学习是否感到满意?

　　□满意　　　　　　　□不满意

　　你的理由 _____

(二)小组评价

1.完成效果

　　□准确、快速　　□正确、较慢　　□基本正确、较慢　　□都不正确

2.动手能力

　　□很强　　　　□较强　　　　□一般　　　　　□较弱

评价人签名_____

(三)教师评价

1.工作页填写情况

　　□正确、完整　　□比较完整　　□很多错误　　　　□没有填写

2.任务完成情况

(1)能否阅读 PDF 格式的电子图书?　　　　　　□能　　□不能

(2)能否正确创建 PDF 文件?　　　　　　　　　□能　　□不能

(3)能否正确为 PDF 文件添加书签?　　　　　　□能　　□不能

3.该生完成本学习任务的质量

　　□优秀　　　　□良好　　　　□及格　　　　□不及格

教师签名_____

【任务拓展】

　　1.运行软件 Adobe Acrobat,创建一个 PDF 文档。打开一个 Word 文档,把它转换为 PDF 格式。

任务三　数字图书阅读软件 SSReader 的使用

【任务目标】

（1）会下载并安装 SSReader。

（2）会进行新用户注册。

【任务准备】

超星阅览器（SSReader）是超星公司拥有自主知识产权的图书阅览软件，是专门针对数字图书的阅览、下载、打印、版权保护和下载计费而开发的。

【任务实施】

一、下载并安装 SSReader

下载并安装 SSReader 的操作步骤如下：

（1）进入超星的网站（http://ssreader.chaoxing.com/），下载超星阅览器（SSReader）。

（2）下载完成后，双击所下载文件，进行安装。

〔操作体验〕

能否正确下载并安装 SSReader?　　　　　　　　□能　　□不能

二、进行新用户注册

进行新用户注册的操作步骤如下：

（1）运行 SSReader，如图 3-18 所示。

图 3-18　超星阅览器（SSReader）的界面

（2）选择【注册】→【新用户注册】，弹出【用户注册】界面，如图 3 - 19 所示。

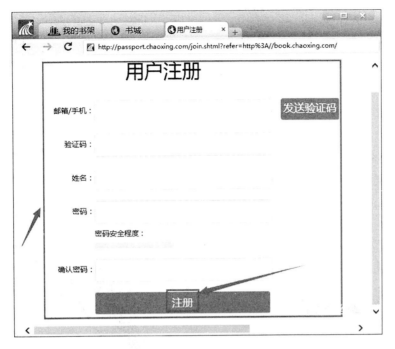

图 3 - 19 【用户注册】界面

（3）在【用户注册】界面中输入用户信息，单击【注册】按钮。注册完成后弹出注册成功提示，如图 3 - 20 所示。

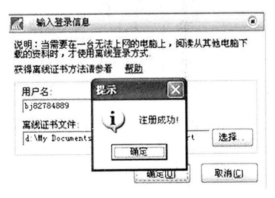

图 3 - 20 注册成功提示

〔操作体验〕

能否成功注册 SSReader 用户？　　　　　　　　　□能　　□不能

【任务评价】

(一)自我评价

1.学习态度

☐积极认真　　　☐我尽力了　　　☐得过且过　　　☐消极怠工

2.工作能力

☐独立完成　　　☐在别人指导下完成　　　☐不能完成

3.探究能力

☐努力克服困难,找出答案　　☐看看书本上有没有　　☐会多少做多少

4.你对本工作任务的学习是否感到满意?

☐满意　　　　☐不满意

你的理由 _____

(二)小组评价

1.完成效果

☐准确、快速　　☐正确、较慢　　☐基本正确、较慢　　☐都不正确

2.动手能力

☐很强　　　　☐较强　　　　☐一般　　　　☐较弱

评价人签名_____

(三)教师评价

1.工作页填写情况

☐正确、完整　　☐比较完整　　☐很多错误　　　☐没有填写

2.任务完成情况

(1)能否正确下载并安装 SSReader? 　　　　　　　☐能　　☐不能

(2)能否成功注册 SSReader 用户? 　　　　　　　☐能　　☐不能

3.该生完成本学习任务的质量

☐优秀　　　　☐良好　　　　☐及格　　　　☐不及格

教师签名_____

项目四 网络应用工具软件

信息技术的快速发展使得计算机网络成为信息传递的主要渠道。网络的发展促使了网络应用工具软件的飞速发展。网络应用工具软件非常多,其中很多软件非常实用、好用。本章主要介绍 FTP 软件 Wing FTP Server、文件传输软件Cute FTP、下载软件迅雷。

任务一 FTP 软件 Wing FTP Server 的使用

【任务目标】

(1)会设置 Wing FTP Server 的不同账号及权限等。

(2)能正确使用 Wing FTP Server。

【任务准备】

1.FTP 工具协议

FTP(File Transfer Protocol,文件传输协议)是 Internet 上用来传送文件的一种协议,它是为了我们能够在 Internet 上互相传送文件而制定的文件传送标准。也就是说,通过 FTP 协议,我们可以和 Internet 上的 FTP 服务器进行文件的上传(Upload)或下载(Download)等操作。

FTP 服务应用和其他 Internet 应用一样,也是依赖于客户程序/服务器关系的概念。在 Internet 上有一些网站,它们依照 FTP 协议,为用户进行文件的存取提供服务,这些网站就是 FTP 服务器。用户要连上 FTP 服务器,就要用到FTP 的客户端软件,通常 Windows 都有"ftp"命令,实际就是一个命令行的 FTP客户程序,另外常用的 FTP 客户程序还有 CuteFTP、Ws_FTP、FTPExplorer 等。

2. FTP 服务器

文件传输服务器(FTP Server)是一种专供其他计算机检索和存储文件的特殊计算机,通常比一般的个人计算机拥有更大的存储容量,并具有一些其他的功能和设备,如磁盘镜像、多个网络接口卡。

在 TCP/IP 网络中,客户机可以通过文件传输协议 FTP 下载或加载文件传输服务器上的文件,以实现资源共享。FTP 服务器已经成为互联网上的一种重要资源。

要连上 FTP 服务器(即"登录"),必须要有该 FTP 服务器的账号。如果是该服务器主机的注册客户,将会有一个 FTP 登录账号和密码,可凭账号和密码连上该服务器。Internet 上有很大一部分 FTP 服务器被称为"匿名"(Anonymous)FTP 服务器,这类服务器的目的是向公众提供文件拷贝服务,因此不要求用户事先在该服务器进上行登记注册。

【任务实施】

一、停止 Windows 系统自带的 FTP 服务

停止 Windows 系统自带 FTP 服务的操作步骤如下:

(1)选择【开始】→【控制面板】→【程序】,出现【程序和功能】选项,如图 4 - 1 所示。

图 4 - 1 【程序和功能】选项

(2)点击【打开或关闭 Windows 功能】,弹出【Windows 功能】对话框,取消选中【FTP 服务】,单击【确定】按钮,即可停止 Windows 系统自带的 FTP 服务,如图 4 - 2 所示。

图 4-2　停止 FTP 服务

〔操作体验〕

能否正确停止 Windows 系统自带的 FTP 服务？　　　□能　　□不能

二、设置匿名账户的 FTP 服务

设置匿名账户 FTP 服务的操作步骤如下：

(1)查看本机的 IP 地址,如 ftp://10.0.2.61。

(2)打开 Wing FTP Server。根据系统提示创建一个新的域,在【创建域】对话框中输入本机 IP 地址和域名。

(3)在【服务器】目录的【设置】中,双击【常规设置】,选择【IP 限制】选项卡,在弹出的对话框中点击【添加 IP 限制】按钮,输入本机 IP 地址,选择【允许】,如图 4-3所示。

(4)在【超级管理员】目录的【管理员】中,点击【添加管理员】按钮,弹出【添加管理员】对话框,在【选项】选项卡中设置用户名(匿名账户 anonymous)、密码、权限和路径,如图 4-4 所示。

图 4-3　添加 IP 限制

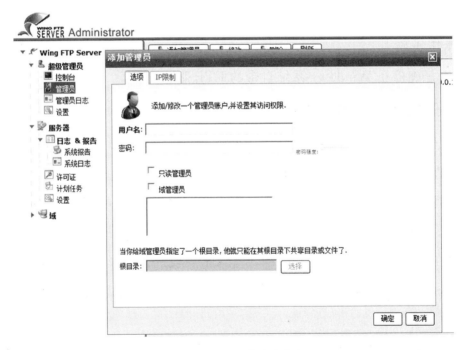

图 4-4　设置匿名账户信息

（5）在地址栏中输入 FTP 地址，如 ftp://10.0.2.61，查看 FTP 是否设置正确。

〔操作体验〕

能否正确设置匿名账户的 FTP 服务？　　　　　　　　□能　　□不能

三、设置不同用户权限的 FTP 服务

设置不同用户权限 FTP 服务的操作步骤如下：

（1）打开 FTP Server 软件，文件存放目录\FTP Server\FTP Server.exe。

（2）在【服务器】目录的【设置】中，双击【常规设置】，添加本机 IP 地址。

（3）在【超级管理员】目录的【管理员】中，点击【添加管理员】按钮。

（4）在【添加管理员】对话框的【选项】选项卡中分别添加三个用户，admin、read、region，账户密码自行定义，如图 4-5 所示。

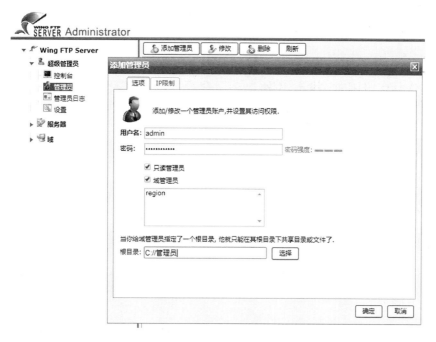

图 4-5　设置不同账户信息

①建立管理员账户 admin，具有所有权限，文件路径 C://管理员。

②建立只读管理员账户 read，只具有只读权限，文件路径 C://只读管理员。

③建立域管理员账户 region，只能在指定的根目录下共享目录或文件，文件路径 C://域管理员。

（5）在地址栏中输入 FTP 地址，如 ftp://10.0.2.61。

（6）分别使用不用的账户登录，并尝试下载、修改、上传、删除文件等操作，验证配置是否正确。

〔操作体验〕

能否正确设置不同用户权限的 FTP 服务？　　　　□能　　　□不能

【任务评价】

（一）自我评价

1. 学习态度

□积极认真　　　□我尽力了　　　□得过且过　　　□消极怠工

2. 工作能力

□独立完成　　　□在别人指导下完成　　　□不能完成

3. 探究能力

□努力克服困难，找出答案　　□看看书本上有没有　　□会多少做多少

4. 你对本工作任务的学习是否感到满意？

□满意　　　□不满意

你的理由 _____

（二）小组评价

1. 完成效果

□准确、快速　　□正确、较慢　　□基本正确、较慢　　□都不正确

2. 动手能力

□很强　　　□较强　　　□一般　　　□较弱

评价人签名_____

（三）教师评价

1. 工作页填写情况

□正确、完整　　□比较完整　　□很多错误　　□没有填写

2.任务完成情况

(1)能否正确停止 Windows 系统自带的 FTP 服务？　　　□能　　□不能

(2)能否正确设置匿名账户的 FTP 服务？　　　□能　　□不能

(3)能否正确设置不同用户权限的 FTP 服务？　　　□能　　□不能

3.该生完成本学习任务的质量

　　□优秀　　　　　□良好　　　　　□及格　　　　　□不及格

教师签名_____

【任务拓展】

一、操作题

1.设置 FTP 限制下载的速度。

2.查看上传的文件来自哪个客户端。

二、思考题

1.Wing FTP Server 与系统自带的 FTP 有什么区别？

2.Wing FTP Server 如果不是绑定默认的 21 端口,绑定其他端口有什么限制？应该如何访问 FTP 服务器？

任务二 文件传输软件 CuteFTP 的使用

【任务目标】

(1)会使用 CuteFTP 下载资料。

(2)会使用 CuteFTP 上传资料。

【任务准备】

一、CuteFTP 的介绍

CuteFTP 是一款小巧且功能强大的 FTP 软件，具有友好的用户界面和稳定的传输速度，与 FlashFXP、LeapFTP 合称 FTP 三剑客。FlashFXP 传输速度比较快，但有时对于一些教育网 FTP 站点无法连接；LeapFTP 传输速度稳定，能够连接绝大多数 FTP 站点(包括一些教育网站点)；CuteFTP 虽然软件大小较其他两款大，但自带了许多免费的 FTP 站点，资源丰富。

CuteFTP 的主要功能：站点对站点的文件传输、定制操作日程、远程文件修改、自动拨号、自动搜索文件、连接向导、连续传输到完成文件传输、shell 集成、及时给出出错信息、恢复传输队列、附加防火墙支持、删除回收箱中的文件。

CuteFTP 操作主界面如图 4-6 所示，主要是三大块：本地文件列表、FTP 服

图 4-6 CuteFTP 操作主界面

务器端文件列表和状态信息栏。

后续如果还有其他 FTP 站点加入,可以直接在上述相关文本框里输入必需的连接信息(FTP 地址、账户、密码)和端口,点击连接后,CuteFTP 会自动保存这个连接站点的信息。

以后再次启动相同连接,只需要在图 4-6 中的站点管理器中双击该连接名即可自动登录到 FTP 服务器。

二、CuteFTP 的使用

1.CuteFTP 的下载界面

如图 4-7 所示,只要在 FTP 服务器端文件列表点击鼠标右键,选择【手动下载】,即可把所选文件下载到本地。

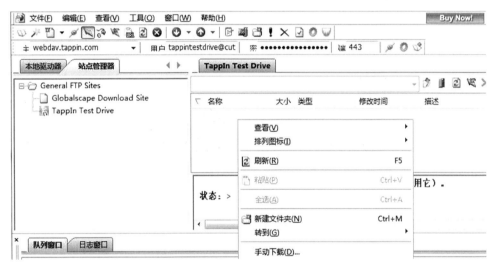

图 4-7　CuteFTP 下载界面

2.CuteFTP 的上传界面

如图 4-8 所示,在需要上传的本地文件上右击,选择【上载】,即可把文件上传到 FTP 服务器上。要注意检查服务器端当前上传的目录是否正确。CuteFTP的优点之一就是用户操作左侧或右侧文件夹时,两边的目录会同时自动对应,防止用户上传或下载对应关系出现错误。

图 4-8　CuteFTP 上传界面

3.CuteFTP 断开连接

上传和下载完毕后,需要断开连接,很多人都习惯直接关闭 CuteFTP,当然这样也会断开连接,但最好还是养成主动退出的习惯。如点击工具条中的 图标关闭连接。

【任务实施】

一、设置 FTP 服务

在 D 盘建立以自己姓名命名的文件夹,文件夹内存放一些文件。设置匿名 FTP 服务,权限为下载和上传。

二、下载 FTP 服务器的资料

下载 FTP 服务器资料的操作步骤如下:

(1)在桌面新建"下载文件"文件夹。

(2)打开 CuteFTP。

(3)输入 FTP 服务器的地址、用户名、密码和端口,然后点击连接图标 ,如图 4-9 所示。

图 4 - 9 设置 FTP 信息

(4)在左边的本地文件列表中选择桌面上的"下载文件"文件夹。

(5)在右边的 FTP 服务器端文件列表中选择需要下载的文件,点击鼠标右键,选择【手动下载】,即可下载文件到指定的本地"下载文件"文件夹中,如图 4 - 10所示。

图 4 - 10 下载文件

〔操作记录〕

用 CuteFTP 将"我的网络磁盘"中的个人文件下载到"下载文件"文件夹中。请填写以下信息:

主机:_____

用户名:_____

密码:_____

端口:_____

〔操作体验〕

能否正确利用 CuteFTP 下载 FTP 服务器中的资料？

□能　　□不能

三、上传文件到 FTP 服务器

上传文件到 FTP 服务器的操作步骤如下：

(1)在桌面新建文件"上传文件.doc"。

(2)打开 CuteFTP。

(3)输入 FTP 服务器的地址、用户名、密码和端口，然后点击连接图标 。

(4)在左边的本地文件列表中选择桌面上的"上传文件.doc"，点击鼠标右键，选择【上载】，即可上传文件到指定的 FTP 服务器中，如图 4-11 所示。

图 4-11　上传文件

〔操作体验〕

能否正确利用 CuteFTP 上传文件到 FTP 服务器？

□能　　□不能

【任务评价】

(一)自我评价

1.学习态度

□积极认真 □我尽力了 □得过且过 □消极怠工

2.工作能力

□独立完成 □在别人指导下完成 □不能完成

3.探究能力

□努力克服困难,找出答案 □看看书本上有没有 □会多少做多少

4.你对本工作任务的学习是否感到满意?

□满意 □不满意

你的理由＿＿＿＿＿＿＿＿＿＿＿＿＿＿＿＿＿＿＿＿＿＿＿＿

(二)小组评价

1.完成效果

□准确、快速 □正确、较慢 □基本正确、较慢 □都不正确

2.动手能力

□很强 □较强 □一般 □较弱

评价人签名＿＿＿＿＿＿＿

(三)教师评价

1.工作页填写情况

□正确、完整 □比较完整 □很多错误 □没有填写

2.任务完成情况

(1)能否正确利用 CuteFTP 下载 FTP 服务器中的资料? □能 □不能

(2)能否正确利用 CuteFTP 上传文件到 FTP 服务器? □能 □不能

3.该生完成本学习任务的质量

□优秀 □良好 □及格 □不及格

教师签名＿＿＿＿＿＿＿＿

【任务拓展】

一、操作题

1. 利用 CuteFTP 将自己设计的个人网页上传到个人主页的空间中。

2. 卸载 CuteFTP。

二、思考题

1. 用 CuteFTP 和直接在 IE 浏览器中下载 FTP 服务器上的资料有什么区别?

2. CuteFTP 是否支持断点下载功能?

任务三　下载软件迅雷的使用

【任务目标】

(1)会使用迅雷下载文件。

(2)会使用迅雷批量下载文件。

【任务准备】

迅雷是一款提供下载和自主上传的工具软件,其本身不支持上传资源。迅雷的资源取决于拥有资源网站的多少,同时只要有任何一个迅雷用户使用迅雷下载过相关资源,迅雷就能有所记录。迅雷使用的多资源超线程技术基于网格原理,能够将网络上存在的服务器和计算机资源进行有效的整合,构成独特的迅雷网络,各种数据文件通过迅雷网络能够以最快的速度进行传递。

多资源超线程技术还具有互联网下载负载均衡功能,在不降低用户体验的前提下,迅雷网络可以对服务器资源进行均衡,有效降低了服务器负载。

【任务实施】

一、下载并安装迅雷

(1)上网搜索并下载最新版本的迅雷。

(2)安装迅雷。

〔操作体验〕

能否正确下载并安装迅雷?　　　　　　　　□能　　□不能

二、迅雷的使用

1. 下载文件

下载文件的操作步骤如下:

(1)进入所要下载资源的网站。

(2)在下载地址链接上单击右键,在弹出的菜单中选择【使用迅雷下载】。

(3)在弹出的对话框中设置文件保存位置,如图4-12所示。

(4)点击【立即下载】按钮,开始下载文件。

图 4-12　下载文件

（5）下载完成后，打开"已下载"文件夹，可以查看已经下载完成的文件信息。

2.批量下载

迅雷提供批量下载功能。当被下载对象的下载地址包含共同的特征时，就可以使用批量下载功能。

批量下载图片素材的操作步骤如下：

（1）打开需要下载图片素材的网页。

（2）点击鼠标右键，在弹出的快捷菜单中选择【使用迅雷下载全部链接】。

（3）在【新建下载】对话框中，迅雷通过 URL 过滤将素材分类，点击选择要下载的文件类型，如图 4-13 所示。

图 4-13　文件类型过滤

(4)设置文件保存位置。点击【立即下载】按钮，开始下载文件。

〔操作体验〕

能否正确使用迅雷的下载功能？ □能 □不能

【任务评价】

(一)自我评价

1.学习态度

□积极认真 □我尽力了 □得过且过 □消极怠工

2.工作能力

□独立完成 □在别人指导下完成 □不能完成

3.探究能力

□努力克服困难，找出答案 □看看书本上有没有 □会多少做多少

4.你对本工作任务的学习是否感到满意？

□满意 □不满意

你的理由 _____

(二)小组评价

1.完成效果

□准确、快速 □正确、较慢 □基本正确、较慢 □都不正确

2.动手能力

□很强 □较强 □一般 □较弱

评价人签名_____

(三)教师评价

1.工作页填写情况

□正确、完整 □比较完整 □很多错误 □没有填写

2.任务完成情况

(1)能否正确下载并安装迅雷？ □能 □不能

(2)能否正确使用迅雷的下载功能？ □能 □不能

3.该生完成本学习任务的质量

□优秀　　　　　□良好　　　　　□及格　　　　　□不及格

教师签名_____

【任务拓展】

一、操作题

1.设置迅雷为默认的浏览器下载软件。

2.限制迅雷的下载速度。

二、思考题

1.迅雷、电驴、网络快车等下载软件哪个更好用?

2.用迅雷下载文件与用浏览器下载文件有什么区别?

项目五 多媒体工具软件

随着信息时代的到来,计算机在为人们的工作提供便捷的同时,也凭借其强大的多媒体功能使人们的生活变得更加丰富多彩。本项目将介绍以下四款常用的多媒体工具软件:图像管理软件 ACDSee、图像处理软件光影魔术手、视频编辑软件 Windows Movie Maker 和音频剪辑软件 Cool Edit Pro。

任务一 图像管理软件 ACDSee 的使用

【任务目标】

(1)会使用 ACDSee 浏览图片。

(2)会使用 ACDSee 编辑图片。

(3)会使用 ACDSee 批量修改图片。

【任务准备】

ACDSee 是目前流行的数字图像管理软件,广泛应用于图片的获取、管理、浏览、优化等方面。ACDSee 支持多种格式的图形文件,不仅能完成格式之间的相互转换,还能进行批量处理。同时,ACDSee 也能处理如 MPEG 之类常用的视频文件。ACDSee 程序界面如图 5－1 所示,其主要功能介绍如下。

1.浏览图片

用 ACDSee 可以浏览 BMP、GIF、JPG、PNG、PSD、TGA、TIFF 等多种格式的图片,还可以改变图片的显示方式,进入幻灯片浏览或浏览多张图片。

2.编辑图片

ACDSee 提供了强大的图片编辑功能,拥有去除红眼、剪切图像、锐化、浮雕特效、曝光调整、旋转、镜像等功能,能轻松处理数码影像。

图 5-1   ACDSee 程序界面

3.批量修改图片

ACDSee 能批量修改图片,包括批量重命名、复制、移动、转换图片格式、调整图片大小及颜色等。

【任务实施】

一、浏览图片

打开"D:\PICTURE"文件夹,将 PICTURE 文件夹里的文件按图像类型进行排序,然后以平铺方式进行查看,即浏览。

〔操作体验〕

能否正确完成浏览图片的操作?   □能   □不能

二、编辑图片

编辑图片的操作步骤如下:

(1)启动 ACDSee,右击要编辑的图片,在快捷菜单中选择【编辑】命令,打开【图片编辑器】窗口,如图 5-2 所示。

(2)在【编辑】面板中选择【效果】选项,切换到【效果】面板,在【选择一个类别】下拉列表中可选择添加效果,如图 5-3 所示。

(3)双击"年代"图标,为图片添加"年代"效果,如图 5-4 所示。

图 5-2 【图片编辑器】窗口

图 5-3 添加效果

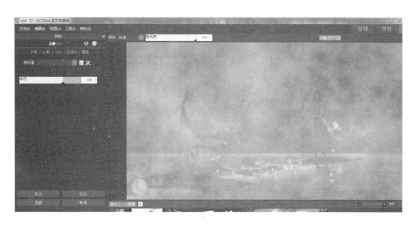

图 5-4 添加"年代"效果

（4）打开 D:\PICTURE\YSX.JPG，为图像添加"像素化"效果并保存。

〔操作体验〕

能否正确完成为图像添加"像素化"效果的操作？　　　□能　　□不能

三、批量修改图片

批量修改图片的操作步骤如下：

（1）在图片文件显示窗口中选择要批量转换的图片，在菜单栏选择【工具】→【批量转换文件格式】，弹出【批量转换文件格式】对话框，如图 5-5 所示。

图 5-5　【批量转换文件格式】对话框

（2）在【格式】选项卡中选择要输出文件的格式 JPEG，然后单击【下一步】按钮，选择转换文件格式后文件的保存位置，设置后单击【下一步】按钮，进入【设置多页选项】向导页，如图 5-6 所示，它主要针对 CDR 格式图片，保持默认即可。

（3）单击【开始转换】按钮，开始转换文件，如图 5-7 所示。

（4）将 D:\PICTURE 中所有 JPG 文件批量转换成 GIF 格式并存入 D:\PIC-TURE1 文件夹中。

图 5-6 【设置多页选项】向导页

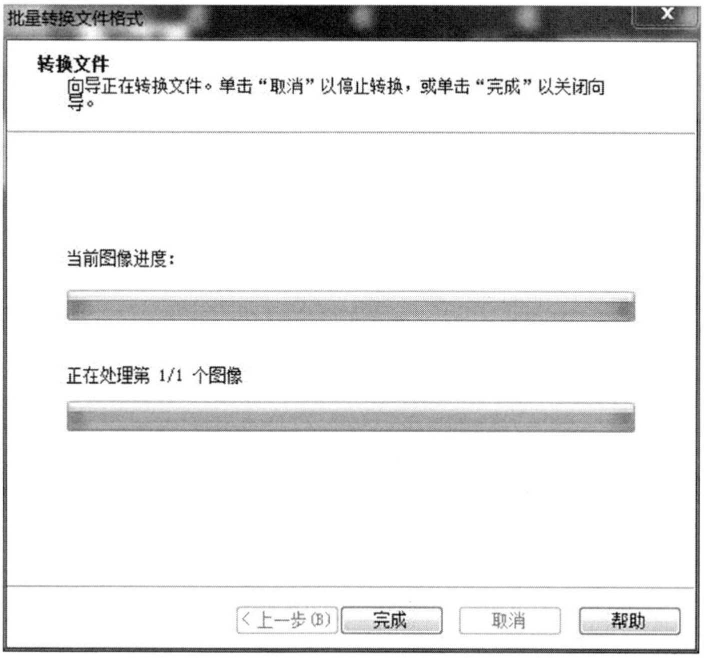

图 5-7 转换文件

〔操作体验〕

能否正确完成批量转换图片格式的操作？　　　　　　□能　　　□不能

【任务评价】

(一)自我评价

1.学习态度

　□积极认真　　　□我尽力了　　　□得过且过　　　□消极怠工

2.工作能力

　□独立完成　　　□在别人指导下完成　　　　　□不能完成

3.探究能力

　□努力克服困难,找出答案　　□看看书本上有没有　　□会多少做多少

4.你对本工作任务的学习是否感到满意？

　□满意　　　　　□不满意

　你的理由＿＿＿＿＿＿＿＿＿＿＿＿＿＿＿＿＿＿＿＿＿＿＿＿＿＿＿＿＿＿

1.完成效果

　□准确、快速　　□正确、较慢　　□基本正确、较慢　　□都不正确

2.动手能力

　□很强　　　　　□较强　　　　　□一般　　　　　□较弱

评价人签名＿＿＿＿＿＿

(三)教师评价

1.工作页填写情况

　□正确、完整　　□比较完整　　□很多错误　　　　□没有填写

2.任务完成情况

(1)能否正确完成浏览图片的操作？　　　　　　　　□能　　□不能

(2)能否正确完成为图像添加"像素化"效果的操作？　□能　　□不能

(3)能否正确完成批量转换图片格式的操作？　　　　□能　　□不能

3.该生完成本学习任务的质量

□优秀 □良好 □及格 □不及格

教师签名_____

【任务拓展】

一、操作题

1.使用 ACDSee 自动幻灯放映图片。

2.使用 ACDSee 编辑一张图片,要求对图片进行顺时针 45°旋转并保存。

二、思考题

1.ACDSee 的主要功能有哪些?

2.使用 ACDSee 浏览图片,如何实现多个文件夹中图片的浏览?

任务二 图像处理软件光影魔术手的使用

【任务目标】

(1)会使用光影魔术手进行基本的图像调整。

(2)会使用光影魔术手解决数码照片的曝光问题。

(3)会使用光影魔术手制作个人艺术照。

【任务准备】

光影魔术手是一款改善图片画质以及个性化处理图片的软件,具有简单、易用的特点,除了基本的图像处理功能外,还可以制作精美相框、艺术照、专业胶片效果等。光影魔术手程序界面如图 5-8 所示。

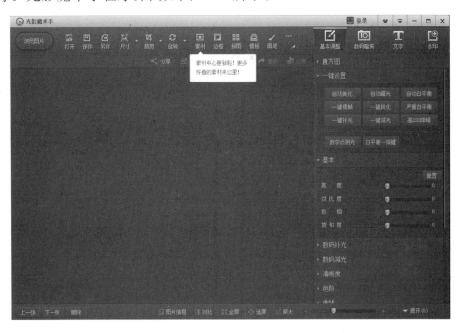

图 5-8　光影魔术手程序界面

1.图像调整功能

光影魔术手具有旋转、缩放、裁剪、模糊与锐化、反色、变形校正等基本的图像调整功能。

2.数码照片曝光处理功能

光影魔术手提供自动曝光、数码补光和白平衡等功能,可以解决使用数码相机拍摄出现的曝光问题。

3.制作个人艺术照

光影魔术手提供影楼风格人像照等功能,满足用户制作个人艺术照的需求。

【任务实施】

一、图像调整功能

〔操作提示〕

打开 D:\PICTURE\psb(3).JPG,并自由旋转 25°(另存为 A225.JPEG)。

〔操作体验〕

能否正确完成图像自由旋转 25°的操作?　　　　　□能　　　□不能

二、数码照片曝光处理功能

〔操作提示〕

打开 D:\PICTURE\psb(3).JPG,对数码照片曝光处理,使提高照片暗部的亮度,亮部的画质同时不受影响,另存为 B11.JPEG。

〔操作记录〕

请写出操作步骤。

_____

_____

_____

_____

_____

〔操作体验〕

能否正确完成数码照片曝光处理的操作?　　　　　□能　　　□不能

三、制作个人艺术照

制作个人艺术照的操作步骤如下:

(1)启动光影魔术手,打开个人照片,如图 5-9 所示。

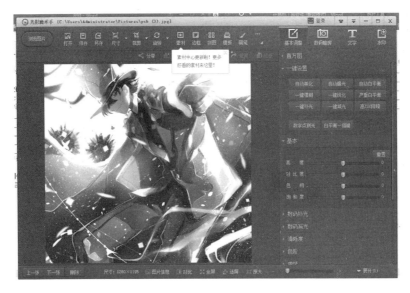

图 5-9　个人照片

（2）在窗口右侧选择【数码暗房】，如图 5-10 所示。

（3）选择【全部】选项卡中的【复古】选项，并进行相应设置，如图 5-11 所示。

图 5-10　数码暗房　　　　　　　图 5-11　【复古】选项设置

（4）单击【确定】按钮，图片效果如图5-12所示。

（5）在菜单栏中选择【边框】→【撕边边框】，进入【撕边效果】界面选择一种撕边样式，如图5-13所示，单击【确定】按钮，添加撕边边框效果后的图片如图5-14所示。

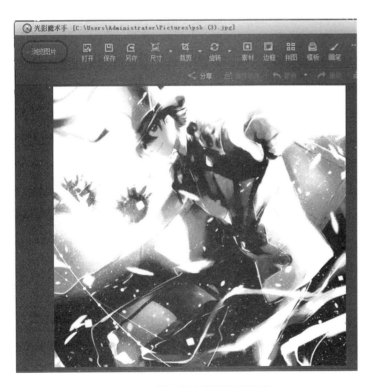

图5-12 添加复古效果后的图片

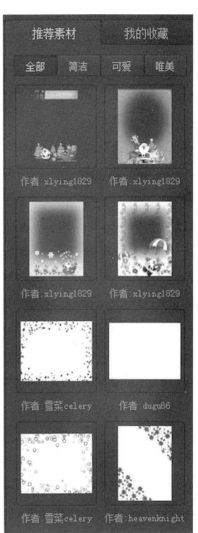

图5-13 【撕边边框】对话框

图 5-14 添加【撕边边框】效果后的图片

(6)打开 D:\PICTURE\psb(3).JPG,在【数码暗房】中选择"冷绿"色调并添加你喜爱的花样边框,完成后另存为"艺术照.JPEG"。

〔操作体验〕

能否正确完成制作艺术照的操作？　　　　　　　　　　□能　　□不能

【任务评价】

(一)自我评价

1.学习态度

　　□积极认真　　　□我尽力了　　　□得过且过　　　□消极怠工

2.工作能力

　　□独立完成　　　□在别人指导下完成　　　　　　□不能完成

3.探究能力

　　□努力克服困难,找出答案　　□看看书本上有没有　　□会多少做多少

4.你对本工作任务的学习是否感到满意？

□满意　　　　　　□不满意

你的理由 _____

(二)小组评价

1.完成效果

□准确、快速　　□正确、较慢　　□基本正确、较慢　　□都不正确

2.动手能力

□很强　　　　□较强　　　　□一般　　　　　　□较弱

评价人签名_____

(三)教师评价

1.工作页填写情况

□正确、完整　　□比较完整　　□很多错误　　　　□没有填写

2.任务完成情况

(1)能否正确完成图像自由旋转25°的操作？　　　　□能　　□不能

(2)能否正确完成数码照片曝光处理的操作？　　　　□能　　□不能

(3)能否正确完成制作个人艺术照的操作？　　　　　□能　　□不能

3.该生完成本学习任务的质量

□优秀　　　　□良好　　　　□及格　　　　　□不及格

教师签名_____

【任务拓展】

一、操作题

1.使用光影魔术手为图片添加撕边边框效果。

2.使用光影魔术手制作多图边框。

二、思考题

1.光影魔术手是否具有批处理功能？

2.如何使用光影魔术手自己动手制作边框？

任务三　视频编辑软件 Windows Movie Maker 的使用

【任务目标】

(1)会用 Windows Movie Maker 捕获视频。

(2)会用 Windows Movie Maker 进行视频编辑。

(3)会用 Windows Movie Maker 制作电影。

【任务准备】

Windows Movie Maker 是 Windows 附带的一款很适合家庭用户的视频编辑软件,它可以将视频和音频捕获到计算机上,通过一些简单的拖放操作就可以在计算机上制作、编辑和分享用户的家庭电影。Windows Movie Maker 还可以添加、切换效果和字幕,使用户体验专业般的电影制作效果。

选择【开始】→【所有程序】→【Windows Movie Maker】,启动 Windows Movie Maker,其界面如图 5-15 所示。

图 5-15　Windows Movie Maker 2.6 版本主界面

【任务步骤】

一、捕获视频

Windows Movie Maker 可以使用的音频和视频捕获设备以及捕获源包括数码摄像机、模拟摄像机、电视调谐卡、麦克风等,用户可以捕获实况内容或从视频磁带上捕获内容。

捕获视频的操作步骤如下:

(1)确保用户计算机上的摄像头为可用。选择【文件】→【捕获视频】命令,或者选择电影任务区中的【捕获视频】【从视频设备捕获】选项,弹出【视频捕获向导】对话框,如图 5-16 所示。

图 5-16 【视频捕获向导】对话框

(2)在图 5-16 对话框中的【可用设备】栏中选择相应设备。在【音频输入源】下拉列表中选择【麦克风】选项,并向上拖动【输入级别】的滑块,调节输入音量。

(3)单击【配置】按钮,弹出【配置视频捕获设备】对话框,如图 5-17 所示。

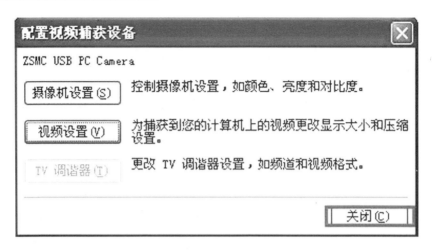

图 5-17 【配置视频捕获设备】对话框

（4）单击【摄像机设置】按钮，弹出如图 5-18 所示的【属性】对话框，在这里可以对摄像机的颜色、亮度、对比度等进行设置。

图 5-18 【属性】对话框

（5）单击【下一步】按钮，返回【视频捕获向导】对话框，输入捕获的视频文件信息，最终效果如图 5-19 所示。

（6）单击【下一步】按钮，对视频进行设置，这里保持默认设置，如图 5-20 所示。

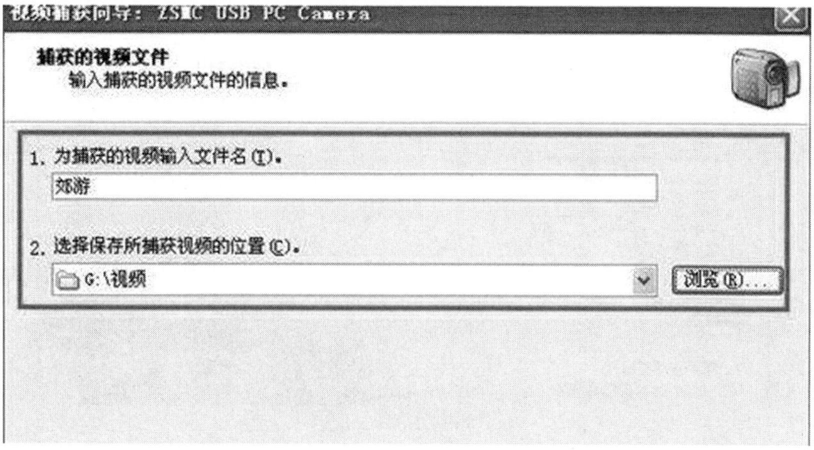

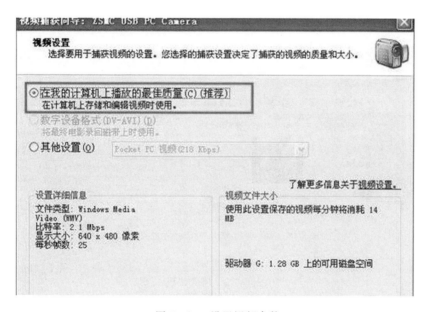

图 5-19 输入视频信息

图 5-20 设置视频参数

（7）单击【下一步】按钮，再单击【开始捕获】按钮或【停止捕获】按钮就可以开始或停止捕获视频，如图 5-21 所示。

注意：无论用户开始和停止捕获视频多少次，捕获的视频都将作为一个视频文件保存在图 5-19 中所指定的位置。

（8）单击【完成】按钮，捕获的视频已经导入 Windows Movie Maker 中，也保存到了指定的位置，如图 5-22 所示。

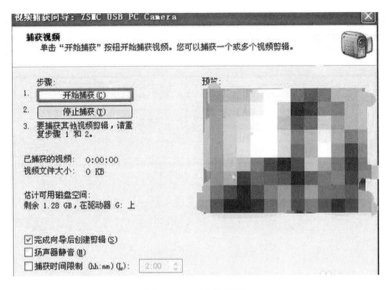

图 5-21　捕获视频

图 5-22　捕获完成

〔**操作体验**〕

能否正确完成捕获视频的操作？　　　　　　　　　　□能　　　□不能

二、编辑视频

编辑视频的操作步骤如下：

(1)选择【查看】→【时间线】，使编辑区以时间线显示。右击素材预览区中的素材，在弹出的快捷菜单中选择【添加到时间线】命令，将素材添加到时间线上，如图 5-23 所示。

图 5-23 添加素材到时间线上

（2）在时间线中，单击要编辑的视频缩略图。在视频预览窗口中缓慢拖动滚动条，观看视频的进度，在用户要起始的位置停止。选择【剪辑】→【设置起始剪裁点】命令或者按"Ctrl+Shift+I"快捷键，可以将起始点以前的视频剪裁掉，如图 5-24 所示。

图 5-24 设置起始剪裁点

（3）继续拖动进度滚动条，直至到达用户所需的终止点，选择【剪辑】→【设置终止剪裁点】命令或者按"Ctrl＋Shift＋O"快捷键，可以将终止点以后的视频剪裁掉。

（4）选择【文件】→【保存电影文件】命令，选择【我的电脑】，然后点击【下一步】，弹出【保存电影向导】对话框，输入文件名和保存电影的位置，如图5-25所示。

图5-25 【保存电影向导】对话框

（5）单击【下一步】按钮，可进行电影设置，这里保持默认设置，如图5-26所示。

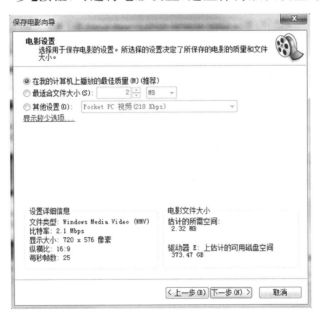

图5-26 电影设置

（6）单击【下一步】按钮，Windows Movie Maker 开始保存电影。完成后单击【完成】按钮，退出保存向导。

〔操作体验〕

能否正确完成编辑视频的操作？　　　　　　　　□能　　□不能

三、制作电影

制作电影的操作步骤如下：

（1）收集素材。根据自己的想法或者剧本去收集影片需要的各种素材。本例需要一张图片、一段视频和一段音乐。

（2）导入素材。选择【文件】→【导入到收藏夹】，将收集好的素材导入 Windows Movie Maker 中，如图 5-27 所示。

图 5-27 导入素材

（3）组合素材。选择素材并将其按照预定顺序拖动到编辑区中，如图 5-28 所示。如果要重新调整素材在编辑区中的顺序，只需将其拖放到不同的位置即可。

图 5-28　组合素材

（4）添加过渡效果。

①在电影任务区中选择【编辑电影】→【查看视频过渡】，打开【视频过渡】面板。双击面板中的过渡效果图标，在视频预览窗口中可以观看效果，如图 5-29所示。

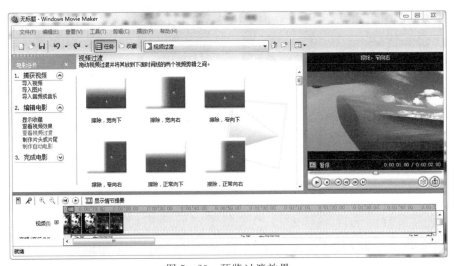

图 5-29　预览过渡效果

②当用户选择好电影所需的所有过渡效果后,将它们拖动到编辑区中,并放置在视频剪辑中间正方形的情节提要区上,如图 5-30 所示。

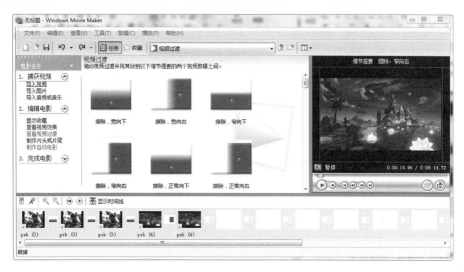

图 5-30　添加过渡效果

(5)制作片头和片尾。

①在电影任务区中选择【编辑电影】→【制作片头或片尾】,打开【要将片头添加到何处?】面板,如图 5-31 所示。

图 5-31　选择片头或片尾位置

②选择【在电影开头添加片头】选项,打开【输入片头文本】面板,输入标题和其他介绍性文字,如图5-32所示。

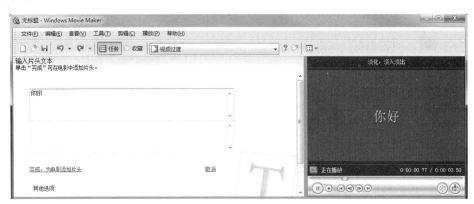

图5-32　输入片头文本

③选择面板中的【更改片头动画效果】选项,如图5-33所示。

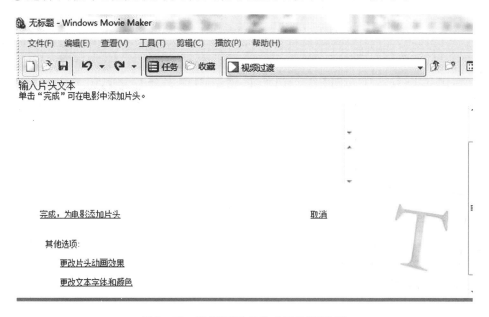

图5-33　选择【更改片头动画效果】选项

④打开【选择片头动画】面板,点击面板中的过渡效果,在视频预览窗口中可以观看效果,同时此效果也将作为片头动画效果,如图5-34所示。

⑤在面板中选择【更改文本字体和颜色】选项,打开【选择片头字体和颜色】面板,设置字体和颜色,最终效果如图5-35所示。

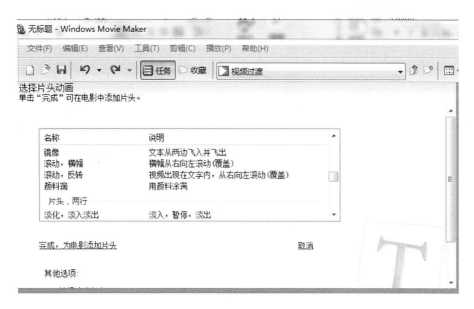

图 5-34 选择片头动画效果

图 5-35 设置片头字体和颜色

⑥选择面板中的【完成,为电影添加片头】选项,完成片头制作,同时片头将自动添加到编辑区中,如图 5-36 所示。

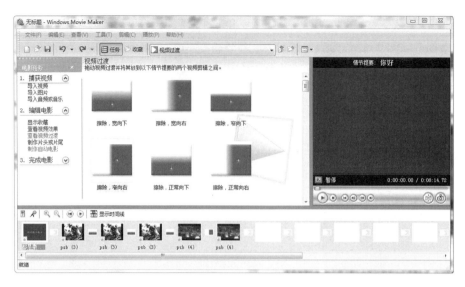

图 5 - 36　完成片头操作

⑦在电影任务区中选择【编辑电影】→【制作片头或片尾】，打开【要将片头添加到何处？】面板，然后单击【在电影结尾添加片尾】选项，打开【输入片尾文本】面板，输入片尾文本，如图 5 - 37 所示。

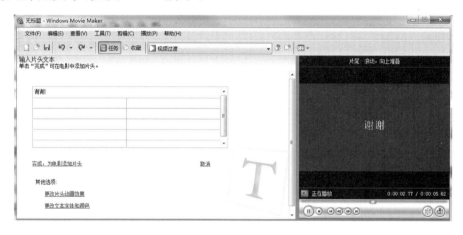

图 5 - 37　输入片尾文本

⑧设置好片尾动画和颜色后，选择面板中的【完成，为电影添加片头】选项，完成片尾制作，同时片尾将自动添加到编辑区中，如图 5 - 38 所示。

图 5 - 38　完成片尾制作

此时可以再次为电影添加过渡效果,使每一个素材、片头和片尾能够自然地过渡,使电影播放起来显得更流畅和自然。

(6)添加视频效果。

①在电影任务区中选择【编辑电影】→【查看视频效果】选项,打开【视频效果】面板。

双击面板中的效果图标,在视频预览窗口中可以观看效果,如图 5 - 39 所示。

图 5 - 39　预览视频效果

②将喜欢的视频效果拖到编辑区中,并放置在影片剪辑左下角的星号上方。可根据自己的喜好给每一个剪辑都加上合适的效果。

(7)添加背景音乐。

①选择【查看】→【时间线】,使编辑区以时间线显示,并单击其中放大时间线图标 🔍 ,将时间线展开,如图 5-40 所示。

图 5-40　展开的时间线

②将前面导入的背景音乐拖放到时间线上,并进行调整,最终效果如图5-41所示。

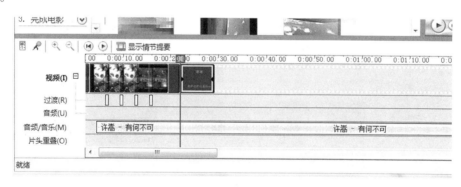

图 5-41　添加背景音乐

③在工具栏的【收藏】下拉列表中选择【收藏】选项,打开如图 5-42 所示的收藏夹。

图 5-42 打开收藏夹

(8)导出电影。选择【文件】→【保存电影文件】,弹出【保存电影向导】对话框,按提示完成向导,最终完成电影制作。

〔操作体验〕

能否正确完成制作电影的操作？ □能 □不能

【任务评价】

(一)自我评价

1.学习态度

　　□积极认真　　　□我尽力了　　　□得过且过　　　□消极怠工

2.工作能力

　　□独立完成　　　□在别人指导下完成　　　　□不能完成

3.探究能力

　　□努力克服困难,找出答案　　□看看书本上有没有　　□会多少做多少

4.你对本工作任务的学习是否感到满意？

　　□满意　　　　　□不满意

　　你的理由 _____

(二)小组评价

1.完成效果

□准确、快速　　□正确、较慢　　□基本正确、较慢　　□都不正确

2.动手能力

□很强　　□较强　　□一般　　□较弱

评价人签名＿＿＿＿＿＿

(三)教师评价

1.工作页填写情况

□正确、完整　　□比较完整　　□很多错误　　□没有填写

2.任务完成情况

(1)能否正确完成捕获视频的操作？　　□能　　□不能

(2)能否正确完成编辑视频的操作？　　□能　　□不能

(3)能否正确完成制作电影的操作？　　□能　　□不能

3.该生完成本学习任务的质量

□优秀　　□良好　　□及格　　□不及格

教师签名＿＿＿＿＿＿＿

【任务拓展】

一、操作题

1.下载并安装 Windows Movie Maker 2.6。

2.视频是最形象的表达方式之一，请使用 Windows Movie Maker 制作一个不低于 30 秒的视频，用来介绍你自己或你的班级。

二、思考题

1.Windows Movie Maker 的捕获源有哪些？

任务四 音频剪辑软件 Cool Edit Pro 的使用

【任务目标】

(1)会使用 Cool Edit Pro 录制音频。

(2)会使用 Cool Edit Pro 剪辑音频。

(3)会使用 Cool Edit Pro 美化音频。

【任务准备】

Cool Edit Pro(简称 CE)是一款优秀的声音处理软件。它体积小,功能强大,使用方便,界面友好,备受音乐人的青睐。声乐创作往往不是一气呵成的,常常需要反复修改不和谐的地方,才能够日臻完善,得到一首好的作品。这就需要录下歌声或乐器声,仔细地揣摩,不断改进。我们想借鉴他人的优秀声乐作品,也会用到录音。声音录好后,就可用 Cool Edit Pro 对其进行剪辑了。

【任务实施】

一、录制音频

录音是所有后期制作加工的基础,如果这个环节出问题,是很难通过后期加工来补救的。如果原始的录音有较大问题,就要重新录制。

录制音频的操作步骤如下:

(1)打开 Cool Edit Pro,其主界面窗口包括菜单栏、走带按钮、缩放按钮、当前时间窗、选取查看窗、波形编辑窗/光谱显示窗,如图 5－43 所示。

(2)点击所选音轨左方的 R 按钮,若点击后按钮下沉且颜色变亮,表示可以准备录音了,此时再点击窗口左下方的录音按钮 ,即可开始录音。录音时,该音轨上的音频开始出现波动,如图 5－44 所示。

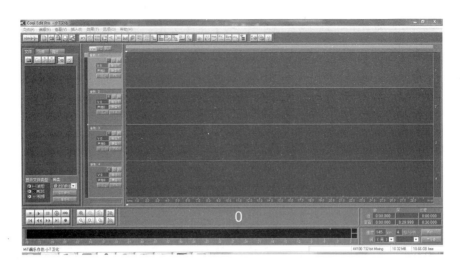

图 5 - 43   Cool Edit Pro 主界面

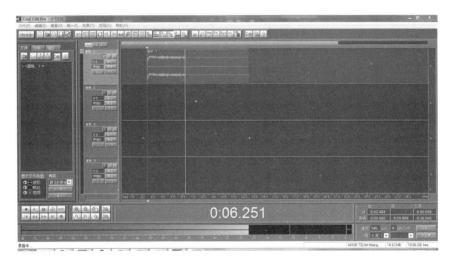

图 5 - 44   录制音频

(3)录音完毕后,可以点击左下方播音按钮 ▶ 进行试听,看看有无出错,是否需要重新录制。

〔操作体验〕

能否正确录制音频?   □能   □不能

二、剪辑音频

剪辑音频的操作步骤如下：

（1）双击音轨可进入波形编辑界面，如图 5-45 所示。

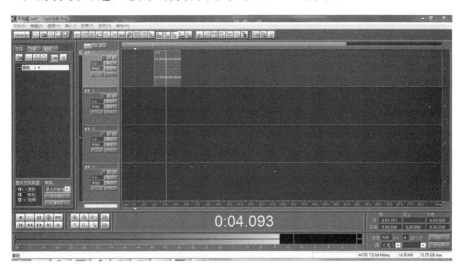

图 5-45　试听录制音频

（2）若录制的音频需要插入新的音频时，可右击音轨波形，如图 5-46、图 5-47所示对话框。

图 5-46　插入剪辑歌曲的 mp3/wma 文件

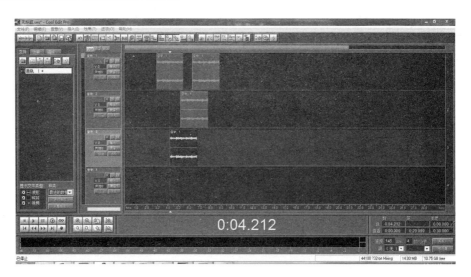

图 5-47　已插入剪辑歌曲的 mp3/wma 文件

（3）为防止多条音频同时播放，可以将不需要的一个或多个音频进行静音化。右击需要静音的音频，选择【音块静音】。

（4）剪辑某段音频。用播放线选取所需剪辑的音频，右击，选择【分割】，如图 5-48 所示。

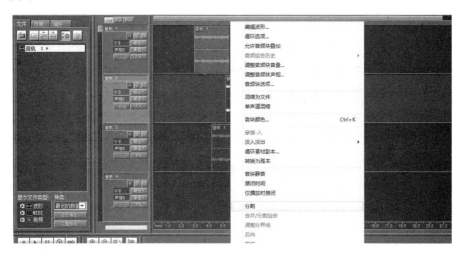

图 5-48　剪辑音频

若分割错误，可以选择【合并/分割组合】，即恢复分割前的音频。

（5）剪辑某一段中的部分音频。右击点住拖动鼠标，移动到所放置的音轨处放开即可，如图 5-49 所示。

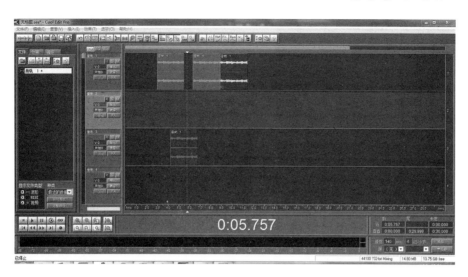

图 5-49　拖动音频

（6）将零散的音频融为一体。选择未被音块静音的音频,右击,选择【调整分界线】,将分界线划到一起即可,如图 5-50 所示。

图 5-50　合并音频

（7）将多余不用的音频去除。右击多余的音频,选择【移除音块】即可,如图 5-51所示。

（8）保存音频文件。选择【文件】→【混缩另存为】,可将用户录制的原始人声文件或剪辑后的文件保存为 mp3 格式、wav 格式、wma 格式,如图 5-52 所示。

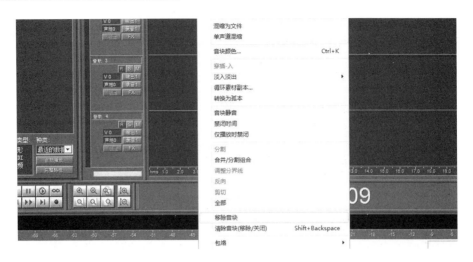

图 5－51　去除多余音块

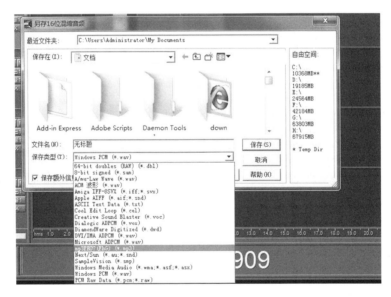

图 5－52　保存音频

〔操作体验〕

能否正确剪辑音频？　　　　　　　　　　　　　　□能　　　□不能

三、美化音频

降噪是美化音频至关重要的一步,做得好有利于下面进一步美化用户的声音,否则会导致声音失真,彻底破坏原声。

美化音频的操作步骤如下：

（1）点击左下方的波形水平放大按钮（ 为水平放大， 为垂直放大），放大波形，以找出一段适合用来作噪声采样的波形，如图5-53所示。

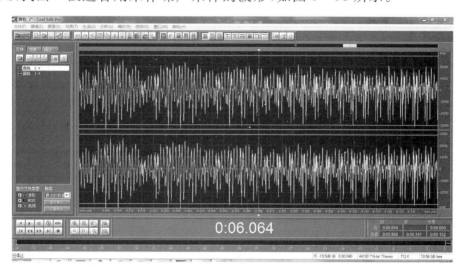

图5-53 波形水平放大

（2）按住鼠标左键拖动，直至高亮区完全覆盖用户所选的那一段波形，如图5-54所示。

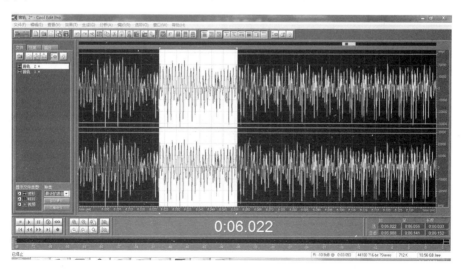

图5-54 选择噪声采样

（3）右击高亮区，选择【复制为新的】，将此段波形抽离出来。

(4)选择【效果】→【噪声消除】→【降噪器】，准备进行噪声采样，如图 5-55 所示。

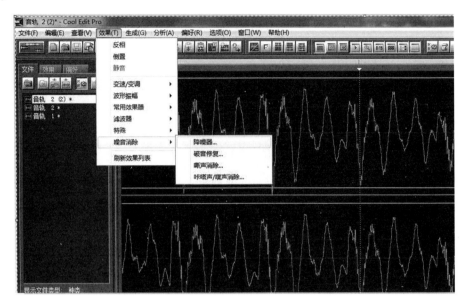

图 5-55　选择【降噪器】

(5)进行噪声采样。【降噪器】对话框中的参数按默认数值即可，随便更改就有可能导致降噪后的人声产生较大失真，如图 5-56 所示。

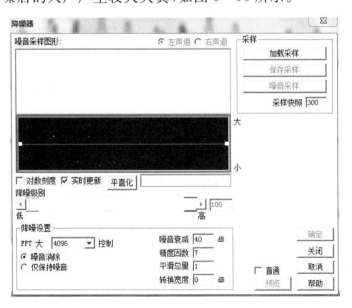

图 5-56　【降噪器】对话框

（6）保存采样结果，如图 5-57 所示。

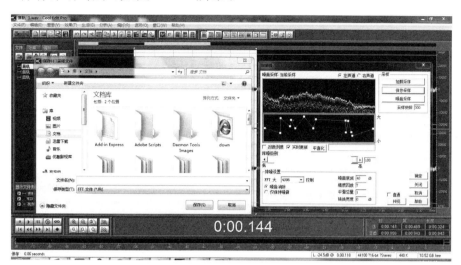

图 5-57 保存采样结果

（7）关闭降噪器及这段波形（不需保存）。

（8）回到人声文件的波形编辑界面，打开降噪器，加载之前保存的噪声采样（图 5-58）。

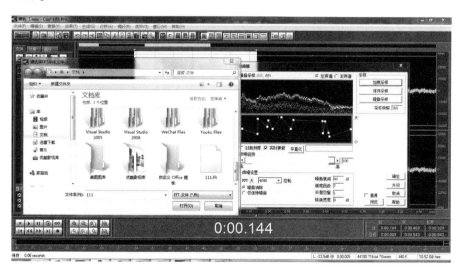

图 5-58 加载之前保存的噪声采样

（9）进行降噪处理，确定降噪前可以预览试听降噪后的效果，如图 5-59 所示。如果失真太大，说明降噪采样不合适，需重新采样或调整降噪参数。有一点要说明，无论何种方式的降噪都会对原声有一定的损害。

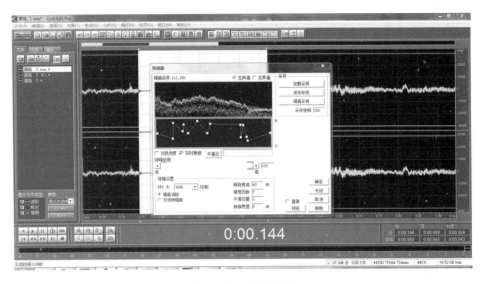

图 5-59　降噪处理

〔操作体验〕

能否正确美化音频？　　　　　　　　　　　　　　□能　　　□不能

【任务评价】

(一)自我评价

1.学习态度

　　□积极认真　　　　□我尽力了　　　　□得过且过　　　　□消极怠工

2.工作能力

　　□独立完成　　　　□在别人指导下完成　　　　　　□不能完成

3.探究能力

　　□努力克服困难,找出答案　　　□看看书本上有没有　　□会多少做多少

4.你对本工作任务的学习是否感到满意?

　　□满意　　　　　　□不满意

　　你的理由_____

(二)小组评价

1.完成效果

　　□准确、快速　　□正确、较慢　　□基本正确、较慢　　□都不正确

2.动手能力

　□很强　　　　　□较强　　　　　□一般　　　　　　□较弱

评价人签名_____

(三)教师评价

1.工作页填写情况

　□正确、完整　　□比较完整　　□很多错误　　　　□没有填写

2.任务完成情况

(1)能否正确录制音频？　　　　　　　　　　　　□能　　□不能

(2)能否正确剪辑音频？　　　　　　　　　　　　□能　　□不能

(3)能否正确美化音频？　　　　　　　　　　　　□能　　□不能

3.该生完成本学习任务的质量

　□优秀　　　　　□良好　　　　□及格　　　　　□不及格

教师签名_____

【任务拓展】

一、操作题

1.使用 Cool Edit Pro 录制音频文件。

2.使用 Cool Edit Pro 剪辑音频文件。

二、思考题

1.Cool Edit Pro 中有哪些声音效果？

项目六 汉化翻译工具软件

21世纪是信息技术高速发展的世纪,世界也由此变得越来越小,人们在生活、学习、工作中随时都会与外语打交道,然而有限的外语水平迫使人们不得不借助于翻译工具。本项目重点介绍常用的三种汉化翻译软件:灵格斯词霸(亦称灵格斯翻译家、Lingoes)、金山快译以及百度翻译。

任务一 灵格斯词霸的使用

【任务目标】

(1)会下载安装灵格斯词霸。

(2)会安装灵格斯词霸的词典。

(3)会使用灵格斯词霸查单词和翻译整篇文章。

【任务准备】

灵格斯词霸是一款简单易用的免费翻译与词典软件,支持全球80多种语言的互查互译,支持多语种屏幕取词、索引提示和语音朗读功能,是新一代的词典翻译专家。灵格斯词霸能很好地在阅读和书写方面帮助用户,即使对外语不熟练的用户也能在阅读或书写英文文章时变得简单轻松。

灵格斯词霸的特点如下:

(1)超过80种语言互查互译。灵格斯词霸提供了全球80多种语言的词典翻译功能,支持任意语种之间的互查互译。这些语言包括英语、法语、德语、俄语、西班牙语、葡萄牙语、中文、日语、意大利语、阿拉伯语等。

(2)"Ctrl"键屏幕取词,多国语言即指即译。使用灵格斯词霸的屏幕取词功能,可以翻译屏幕上任意位置的单词。用户只需按下"Ctrl"键,系统就会自动识别光标所指向的单词,即时给出翻译结果。目前,屏幕取词已经支持英语、法语、德语、俄语、西班牙语、中文、日语和韩语等。

(3)单词及文本朗读。基于最新的 TTS(Text to Speech)语音朗读引擎,灵格斯词霸提供了单词和文本朗读功能,用户可以快速获得单词的发音,便于学习和记忆。

(4)开放式的词库管理。开放式的词库管理方式可以让用户根据自己的需要下载安装词库,并自由设定它们的使用和排列方式。

(5)免费海量词库。灵格斯词霸提供了数千部各语种和学科的词典供用户免费下载使用,而且还在不断增加中。当前已提供的常用词典包括英汉/汉英词典、法汉/汉法词典、德汉/汉德词典、日汉/汉日词典、俄汉词典、韩英词典等,用户可以从词典库中搜索更多的词典。

(6)联机词典。无须在本地安装大量词库,用户可以通过网络使用灵格斯词霸的联机词典服务,一样可以获得快速详尽的翻译结果。

(7)可编程附录系统,提供各种实用的工具和资料。灵格斯词霸创新的附录系统把类似 Vista 侧边栏和 Yahoo Widget 的概念引入词典附录中,将附录系统变成一个应用平台,通过 HTML+Javascript 编程设计出了各种实用的工具。目前灵格斯的附录系统中已经内置了"汇率换算""度量衡换算""国际电话区号""国际时区转换""万年历""科学计算器""元素周期表"和"简繁体汉字转换"等一系列实用小工具。

【任务实施】

一、下载并安装灵格斯词霸

下载并安装灵格斯词霸的操作步骤如下:

(1)进入灵格斯词霸的中文网站(http://www.lingoes.cn/)。

(2)下载灵格斯词霸简体中文版。如果计算机系统为 64 位的,则下载相应的 64 位版。

(3)安装灵格斯词霸。

〔操作体验〕

能否正确下载并安装灵格斯词霸？　　　　　　　　□能　　　□不能

二、下载并安装灵格斯词霸的词典

如果用户觉得软件提供的词典不能满足自己的需求，可以根据需要自行下载和安装常用的词典。

下载并安装灵格斯词霸词典的操作步骤如下：

（1）进入灵格斯词霸中文网站。

（2）点击【词典库】项目，在【词典库】界面中【搜索词典】按钮左边的输入框中输入"中国种子植物科属辞典"，如图 6-1 所示。

图 6-1　搜索词典

（3）点击【搜索词典】按钮，在搜索结果中点击要下载的词典，打开该词典页面，使用迅雷进行下载。

（4）下载完毕后，打开灵格斯词霸，在【选项】栏点击【词典管理】，然后点击【安装】按钮，如图 6-2 所示。

（5）在弹出的【打开】对话框中，选择刚才下载的词典文件进行安装。

（6）安装完毕，将【加入到"索引组"】和【加入到"取词组"】两个词典组选项勾起来，如图 6-3 所示。至此，词典安装完成。

图 6-2 安装灵格斯词典

图 6-3 词典安装

〔操作体验〕

能否正确下载并安装灵格斯词霸的词典？ □能 □不能

三、灵格斯词霸的使用

使用灵格斯词霸查询下列英文单词,将单词的中文意思书写下来:one、good、administrator、WWW、Oxford。

_____

_____

〔操作体验〕

能否正确翻译单词? □能　　□不能

【任务评价】

(一)自我评价

1.学习态度

　　□积极认真　　　□我尽力了　　　□得过且过　　　□消极怠工

2.工作能力

　　□独立完成　　　□在别人指导下完成　　　　　□不能完成

3.探究能力

　　□努力克服困难,找出答案　　□看看书本上有没有　　□会多少做多少

4.你对本工作任务的学习是否感到满意?

　　□满意　　　　　□不满意

　　你的理由 _____

(二)小组评价

1.完成效果

　　□准确、快速　　□正确、较慢　　□基本正确、较慢　　□都不正确

2.动手能力

　　□很强　　　　□较强　　　　□一般　　　　□较弱

评价人签名_____

(三)教师评价

1.工作页填写情况

□正确、完整　　　□比较完整　　　□很多错误　　　　　□没有填写

2.任务完成情况

(1)能否正确下载并安装灵格斯词霸?　　　　　　　　　□能　　□不能

(2)能否正确下载并安装灵格斯词霸的词典?　　　　　　□能　　□不能

(3)能否正确翻译单词?　　　　　　　　　　　　　　　□能　　□不能

3.该生完成本学习任务的质量

□优秀　　　　　□良好　　　　　□及格　　　　　□不及格

教师签名_____

【任务拓展】

一、操作题

1.使用灵格斯词霸朗读句子。

二、思考题

1.利用灵格斯词霸翻译的文章是否完全正确?为什么?

任务二 金山快译的使用

【任务目标】

(1)会下载并安装金山快译。

(2)会使用金山快译。

【任务准备】

金山快译是全能的汉化翻译及内码转换新平台,具有中、日、英多语言翻译引擎以及简繁体转换功能,可以进行简体中文、繁体中文与英文、日文间的翻译。翻译界面一改以往翻译界面的固定化模式,提供多种界面模式;操作方面将常用功能按钮化,用户不需要再到多层菜单中去选择常用的功能,节省了操作时间。

【任务步骤】

一、下载并安装金山快译

(1)进入金山快译的官方网站(http://ky.iciba.com/),下载金山快译个人版。

(2)安装金山快译。

〔操作体验〕

能否正确下载并安装金山快译?　　　　　　　　□能　　□不能

二、金山快译翻译功能的使用

1.快速全文翻译

快速全文翻译的操作步骤如下:

(1)在金山快译主工具栏中点击【高级】按钮,如图6-4所示。

图6-4　金山快译个人版主工具栏

(2)从打开的金山快译软件中打开需要全文翻译的英文文章。

(3)点击金山快译常用工具栏上的【英中】按钮,即可全文翻译,如图6-5所示。

图 6-5　金山快译常用工具栏

〔操作体验〕

能否正确使用金山快译进行全文翻译？　　　　　□能　　　□不能

2.批量翻译

教师预先准备 3 篇英文文章。

批量翻译的操作步骤如下：

(1)在【开始】菜单中选择【金山快译个人版 1.0】→【工具】→【批量翻译】,如
图 6-6 所示。

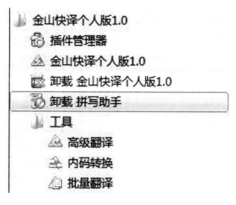

图 6-6　批量翻译

(2)在打开的【批量翻译】界面中点击【添加】按钮,加入要翻译的英文文件。

(3)点击【英中】按钮,在弹出的【翻译设置】对话框中进行译文文件存储目录
设置,如图 6-7 所示。

(4)点击【进行翻译】按钮。

(5)点击【确定】按钮完成批量翻译,打开译文查看翻译内容。

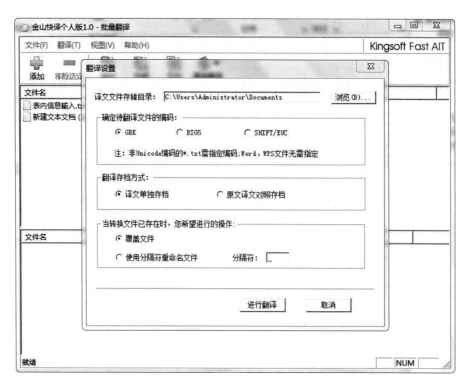

图6-7 【翻译设置】对话框

〔操作体验〕

能否正确使用金山快译进行批量翻译？　　　　　□能　　□不能

【任务评价】

(一)自我评价

1.学习态度

　　□积极认真　　　　□我尽力了　　　　□得过且过　　　　□消极怠工

2.工作能力

　　□独立完成　　　　□在别人指导下完成　　　　　　□不能完成

3.探究能力

　　□努力克服困难,找出答案　　□看看书本上有没有　　□会多少做多少

4.你对本工作任务的学习是否感到满意?

　　□满意　　　　　　□不满意

　　你的理由＿＿＿＿＿＿＿＿＿＿＿＿＿＿＿＿＿＿＿＿＿＿＿＿＿＿＿

(二)小组评价

1.完成效果

□准确、快速　　□正确、较慢　　□基本正确、较慢　　□都不正确

2.动手能力

□很强　　　　　□较强　　　　　□一般　　　　　　　□较弱

评价人签名_____

(三)教师评价

1.工作页填写情况

□正确、完整　　□比较完整　　□很多错误　　　　□没有填写

2.任务完成情况

(1)能否正确下载并安装金山快译？　　　　　□能　　□不能

(2)能否正确使用金山快译进行全文翻译？　　□能　　□不能

(3)能否正确使用金山快译进行批量翻译？　　□能　　□不能

3.该生完成本学习任务的质量

□优秀　　　　　□良好　　　　　□及格　　　　　□不及格

教师签名_____

【任务拓展】

一、操作题

1.如何进行金山快译词库的升级？

2.如何将中文全文翻译成日文？

二、思考题

1.灵格斯词霸与金山快译各有什么优点？

2.如何利用金山快译进行软件汉化？

任务三　百度翻译的使用

【任务目标】

(1)会使用在线翻译。

(2)掌握在线翻译的设置。

【任务准备】

百度翻译依托互联网数据资源和自然语言处理技术优势,帮助用户跨越语言鸿沟,方便快捷地获取信息和服务。百度翻译有手机软件、微信小程序和网页等多种形态,这里介绍常用的网页版,即百度在线翻译。

在线翻译通常是指借助互联网的资源,利用实用性极强、内容动态更新的经典翻译语料库,将网络技术和语言结合,为用户提供即时网络响应的在线翻译或者人工翻译服务。

在线翻译的网站有百度、谷歌、海词、有道等。

【任务实施】

一、中文翻译成英文

将下列中文在线翻译成英文,并对翻译后的英文进行必要的修改,比如中国的地名、人名应该直接翻译成拼音。

中文:莫言,1955年2月17日出生,原名管谟业,生于山东高密,中国当代著名作家。香港公开大学荣誉文学博士,青岛科技大学客座教授。自20世纪80年代中期以一系列乡土作品崛起,充满着"怀乡"以及"怨乡"的复杂情感,被归类为"寻根文学"作家。2011年凭借《蛙》荣获茅盾文学奖,2012年荣获诺贝尔文学奖。其作品深受魔幻现实主义影响,写的是一出出发生在山东高密东北乡的"传奇"。莫言在他的小说中构造独特的主观感觉世界,天马行空般的叙述,陌生化的处理,塑造神秘超验的对象世界,带有明显的"先锋"色彩。

〔操作提示〕

进入百度翻译网页，将上段文字复制粘贴至左侧文本框，点击【翻译】按钮，如图6-8所示。

图6-8 在线翻译中文

英文：_____

_____

_____

_____

_____

_____

_____

_____

_____

_____

_____

〔操作体验〕

能否将中文正确翻译成英文？　　　　　　　　　□能　　□不能

二、英文翻译成中文

将下列英文在线翻译成中文。

英文：A man from the state of Chu was taking a boat across a river when he dropped his sword into the water carelessly. Immediately he made a mark on the side of the boat where the sword dropped，hoping to find it later. When the boat stopped moving，he went into the water to search for his sword at the place where he had marked the boat.

As we know，the boat had moved but the sword had not. Isn′t this a very foolish way to look for a sword?

〔操作提示〕

进入百度翻译网页，将上段文字复制粘贴至左侧文本框，点击【翻译】按钮，如图6-9所示。

图6-9　在线翻译英文

中文：_____

_____

_____

_____

_____

_____

_____

_____

_____

_____

_____

〔操作体验〕

能否将英文正确翻译成中文？ □能 □不能

三、将英文网页翻译成中文网页

〔操作提示〕

进入百度翻译网页,将网址 http://www.lingoes.net/输入左侧文本框,点击【翻译】按钮,如图 6-10 所示。

图 6-10 在线翻译网站

〔操作记录〕

请写出简单的操作步骤。

_____

_____

_____

_____

_____

_____

_____

_____

〔操作体验〕

能否将英文网页正确翻译成中文网页？　　　　　　　□能　　□不能

【任务评价】

(一)自我评价

1.学习态度

　　□积极认真　　　　□我尽力了　　　　□得过且过　　　　□消极怠工

2.工作能力

　　□独立完成　　　　□在别人指导下完成　　　　　　□不能完成

3.探究能力

　　□努力克服困难,找出答案　　　□看看书本上有没有　　□会多少做多少

4.你对本工作任务的学习是否感到满意?

　　□满意　　　　　　□不满意

　　你的理由 _____

(二)小组评价

1.完成效果

　　□准确、快速　　□正确、较慢　　□基本正确、较慢　　□都不正确

2. 动手能力

　□很强　　　　□较强　　　　□一般　　　　　□较弱

　　　　　　　　　　　　　　　　　　评价人签名_____

(三)教师评价

1. 工作页填写情况

　□正确、完整　　□比较完整　　□很多错误　　　□没有填写

2. 任务完成情况

(1)能否将中文正确翻译成英文?　　　　　　　□能　　□不能

(2)能否将英文正确翻译成中文?　　　　　　　□能　　□不能

(3)能否将英文网页正确翻译成中文网页?　　　□能　　□不能

3. 该生完成本学习任务的质量

　□优秀　　　　□良好　　　　□及格　　　　□不及格

　　　　　　　　　　　　　　　　　　教师签名_____

【任务拓展】

一、操作题

1. 将同一段英文在不同的在线翻译网站进行翻译,结果一样吗? 哪个网站翻译得最好?

2. 将http://www.microsoft.com/整个网页翻译成中文网页。

二、思考题

1. 灵格斯词霸、金山快译与在线翻译三种不同的翻译方式各有什么优缺点?

2. 你喜欢哪种翻译方式? 为什么?

项目七 其他常用工具软件

任务一 虚拟光驱软件 Daemon Tools 的使用

【任务目标】

(1)会使用 Daemon Tools 装载光盘映像文件。

(2)会使用 Daemon Tools 刻录光盘映像文件。

【任务准备】

Daemon Tools(精灵虚拟光驱)不仅可以模拟光驱读取(装载)CUE、ISO、CCD、BWT、CDI、MDS 等映像文件,而且可以将光驱中的原盘制作(刻录)成映像文件。

在网上搜索并下载精灵虚拟光驱。

下载完成后,双击安装包进行安装,如图 7-1 所示。

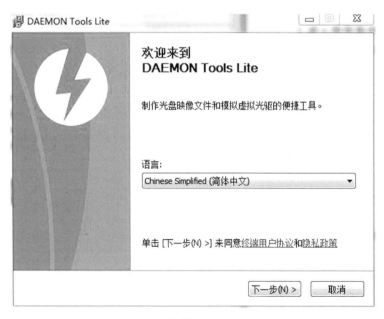

图 7-1 安装 Daemon Tools

【任务实施】

一、装载光盘映像文件

装载光盘映像文件的操作步骤如下：

（1）启动 Daemon Tools，在窗口左下角单击【快速装载】，如图 7－2 所示。

图 7－2 Daemon Tools 软件界面

（2）在弹出的【选择映像文件】对话框中选择要装载的映像文件，如图 7－3 所示。

图 7－3 选择要装载的映像文件

（3）添加完成后在 Daemon Tools 界面中可以查看装载完成的映像文件，如图 7-4 所示。

图 7-4　查看装载成功的映像

（4）打开资源管理器可看到增加了一个光驱，如图 7-5 所示。用户可以像使用真实光驱一样使用虚拟光驱中的文件了。

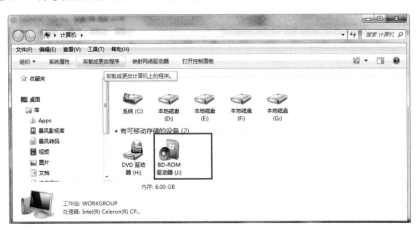

图 7-5　增加的虚拟光驱

〔操作体验〕

能否正确装载光盘映像文件？　　　　　　　　　　□能　　　□不能

二、刻录光盘映像文件

刻录光盘映像文件的操作步骤如下：

(1)在Daemon Tools界面中单击【刻录光盘】,在弹出的【刻录一个映像】对话框中设置刻录信息,如图7-6所示。

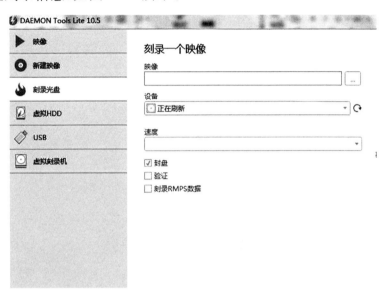

图7-6 设置刻录光盘映像信息

(2)设置完成后单击【开始】按钮进行刻录。

〔操作体验〕

能否正确刻录光盘映像文件? □能 □不能

【任务评价】

(一)自我评价

1.学习态度

□积极认真 □我尽力了 □得过且过 □消极怠工

2.工作能力

□独立完成 □在别人指导下完成 □不能完成

3.探究能力

□努力克服困难,找出答案 □看看书本上有没有 □会多少做多少

4.你对本工作任务的学习是否感到满意？

□满意 □不满意

你的理由 _____

(二)小组评价

1.完成效果

□准确、快速 □正确、较慢 □基本正确、较慢 □都不正确

2.动手能力

□很强 □较强 □一般 □较弱

评价人签名_____

(三)教师评价

1.工作页填写情况

□正确、完整 □比较完整 □很多错误 □没有填写

2.任务完成情况

(1)能否正确装载光盘映像文件？ □能 □不能

(2)能否正确刻录光盘映像文件？ □能 □不能

3.该生完成本学习任务的质量

□优秀 □良好 □及格 □不及格

教师签名_____

【任务拓展】

一、操作题

1.装载一个 ISO 格式的文件。

2.装载一个 CUE 格式的文件。

二、思考题

1.如何同时装载多个 ISO 格式的文件？

任务二 数据恢复软件 Recover My Files 的使用

【任务目标】

会使用 Recover My Files 恢复误删除的文件。

【任务准备】

Recover My Files 是一款数据文件恢复软件,可以恢复文本文档、图像文件、音乐和视频文件,以及删除的 zip 文件,可以以扇区的方式扫描硬盘,并且可以进行恢复预览。

在网上搜索并下载 Recover My Files。下载完成后,双击安装包进行安装。

【任务实施】

恢复误删除文件的操作步骤如下:

(1)启动 Recover My Files,如图 7 - 7 所示。

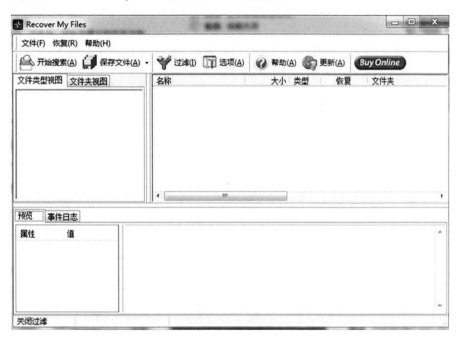

图 7 - 7 Recover My Files 主程序界面

（2）在主程序界面，点击【开始搜索】按钮。在弹出的【恢复文件向导】对话框中，选择【快速文件搜索】，如图7-8所示。

图7-8　选择【快速文件搜索】

（3）点击【下一步】按钮，然后勾选要恢复的文件类型，如图7-9所示。

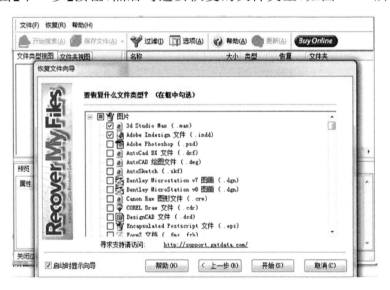

图7-9　勾选要恢复的文件类型

（4）单击【开始】按钮，开始数据恢复，如图 7 - 10 所示。

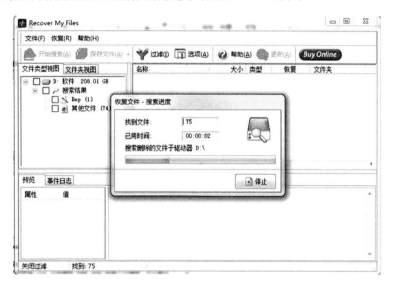

图 7 - 10　数据恢复过程

注意：如果快速搜索没有找到你的文件，可以选择【完全文件搜索】。

（5）单击主界面中的【保存文件】按钮，弹出【保存文件】对话框，如图 7 - 11 所示。点击【浏览】按钮，设置恢复文件的存放路径。点击【确定】按钮，即可将误删除的文件恢复到指定的位置。

图 7 - 11　设置恢复文件的存放路径

〔操作体验〕

能否正确恢复误删除的文件？　　　　　　　　　　□能　　□不能

【任务评价】

(一)自我评价

1. 学习态度

□积极认真　　　□我尽力了　　　□得过且过　　　□消极怠工

2. 工作能力

□独立完成　　　□在别人指导下完成　　　　□不能完成

3. 探究能力

□努力克服困难,找出答案　　□看看书本上有没有　　□会多少做多少

4. 你对本工作任务的学习是否感到满意?

□满意　　　　　□不满意

你的理由 _____

(二)小组评价

1. 完成效果

□准确、快速　　□正确、较慢　　□基本正确、较慢　　□都不正确

2. 动手能力

□很强　　　　　□较强　　　　　□一般　　　　　□较弱

评价人签名_____

(三)教师评价

1. 工作页填写情况

□正确、完整　　□比较完整　　□很多错误　　　□没有填写

2. 任务完成情况

能否正确恢复误删除的文件?　　　　　　　　□能　　□不能

3. 该生完成本学习任务的质量

□优秀　　　　　□良好　　　　　□及格　　　　　□不及格

教师签名_____

【任务拓展】

一、操作题

1. 恢复 U 盘、手机内存卡或相机内存卡的数据。

二、思考题

1. 误格式化硬盘怎么办?

参考文献

[1] 赖裕辉,刘东.计算机组装与维修[M].北京:中国原子能出版传媒有限公司,2011.

[2] 杨国全,杨立春.常用工具软件[M].北京:高等教育出版社,2012.

[3] 雷鸣,李明辉,赵晓东.计算机组装与维护项目教程[M].北京:航空工业出版社,2015.